# 廣告代理五十年

東方廣告公司與台灣廣告產業

1958～2008

策劃：東方廣告公司

編著：鄭自隆

遠流

# 廣告代理五十年

### 東方廣告公司與台灣廣告產業

### 1958～2008

策劃：東方廣告公司

編著：鄭自隆

# 記錄一個人、一個產業、一個時代

開創事業難,無中生有開創一個嶄新的事業更難,維持一個事業長達半世紀並成為此產業的翹楚,更是難上加難,溫春雄與「東方廣告社」就是這種難上加難的例子。1958年溫春雄創辦「東方廣告社」——台灣第一家綜合廣告代理商,開啟台灣廣告代理產業的序幕,至2008年已滿半世紀。

台灣早在日治時期的明治31年(1898)已有媒體(報紙)捐客性質的廣告業者,當時《台灣商報》的報紙廣告即委由「三盛商會」來承攬,《台灣商報》在台北西門外市場町十八番,三盛商會在西門街一丁目一番地,二家各有營業地址,顯示三盛商會是獨立的廣告捐客,並非附屬於報社的業務部門,這也表示日本殖民者在十九世紀末就帶進了「廣告」事業。

在東方創立之前,雖然沒有現代化的綜合廣告代理,但仍然有廣告活動,主要是報紙廣告、戶外廣告與廣播廣告,由報社、電台、廣告工程公司(當時稱為「看板」店)業務員處理,這個時期可謂之「沒有廣告代理商的廣告產業」,東方之後我國方進入綜合廣告代理時代,溫春雄則是開啟台灣廣告代理產業的第一人。

創業者通常有其霸氣與理想,也無視外在環境的惡劣,1949年國民黨倉皇辭廟潰敗來台,台灣風雨飄搖,國共對峙,國民黨天天喊著要「消滅共匪、殺朱拔毛、反攻大陸」,共產黨則要「解放台灣」,1958年更爆發震驚全世界的八二三砲戰,台灣面臨戰爭威脅,就在人心惶惶的1958年,溫春雄開創一個嶄新的產業。當時東方向台北市警察局報備取得的營業許可證上,註明營業場所15坪,另有蓄水缸一口、太平砂10簍(每簍10台斤)、滅火機2具;會有這些奇怪的「生財器具」是因為金門砲戰期間,台海屢有海空會戰,時局不穩,擔心空襲帶來火災之故。

廣告是依附於社會的產業,有什麼樣的媒體、什麼樣的社會即有什麼樣的廣告,1965年高雄加工出口區成立,經建計畫執行至1968年,台灣經濟逐漸穩定,也由內需轉向外貿,加上1962年新媒體(電視)誕生,接著1969年中視播出台灣第一齣連續劇《晶晶》、台視播出布袋戲《雲州大儒俠》引發電視收視熱潮,廣告產業於焉蓬勃發展邁向坦途;但對照1958年的人心惶惶、風雨飄搖,更顯現了溫春雄的眼光獨到。

五十年,一段不算短的期間,東方和其他的廣告公司一樣,用「廣告」記錄台灣歷史:開司米龍、特頭龍一方面讓台灣人穿著筆挺的衣服上班、上學,另方面也象徵台灣正悄悄的邁向紡織王國;女性專用的50c.c.小機車,擴大了女生的活動半徑,讓她們脫離父兄丈夫的掌控,也使

女性主義慢慢滋長;「海龍」洗衣機讓媽媽的手不用冬天也要泡在冰冷的水裡,媽媽得到「解放」,不再是24小時的無償幫傭,自我角色更加獨立;彩色軟片的大量廣告,代表台灣錢淹腳目,台灣人已經捨得旅遊開支,願意花錢走出去看看;麗星郵輪的出現,或許是台灣人建立了和以往不一樣的休閒觀,也可能是急著「國際化」效顰白人老外;高價按摩椅則是有錢台灣人希望用錢買休閒、買健康……,廣告就像一面「鏡子」,讓我們看到台灣的發展軌跡。

遠流是在地的出版公司,記錄台灣在地的人事物,東方是台灣第一家廣告公司,溫春雄是開創廣告代理產業的第一人,時值東方與台灣廣告代理產業營運半世紀之際,遠流囑咐為東方與台灣廣告代理產業留下記錄,本人近年學術興趣逐漸由政客擾人的「競選傳播」轉向歷史縱深的「傳播史」,也因承接教育部人文社會科學叢書計畫,整理《廣告與台灣社會變遷》一書,手邊有些完整資料,因此欣然受命。

余生也晚,早期服務廣告產業時,因位階差異從未面謁溫先生,及入學界,亦未曾拜見,但因整理本書卻彷若與溫先生熟識一般,從資料整理中發現早期廣告人如東方溫春雄先生、國華許炳棠先生、太一楊基炘先生,以及曾親炙的華商錢存棠先生、華商劉會梁老師、國際工商劉毅志老師、台廣陳福旺老師,都是令人敬重的前輩,他們之所以受到敬重,不僅是台灣廣告產業的開拓者,也是一個產業的典範。

典範來自自信、對廣告專業的熱情,與對土地的愛,這些前輩不用洋名字、不穿割破的牛仔褲,更不會為堅持自己所謂的「創意」和客戶大小聲,他們獎掖後進、照顧同仁,對人溫文有禮,敬重並使用自己代理的產品,這些前輩象徵了一個世代──一個物資匱乏但尊重「義理」的時代。

本書係以台灣的社會變遷、媒體發展、廣告發展為經,東方的人與事為緯,交織而成,雖曰「管窺」東方,但亦可得台灣廣告產業「全豹」;本人在本書的角色應是作者與編者,本書的「東方人」與東方老客戶的訪談文章均由我的學生完成,包含已畢業者廖文華、蔡玉英、葉思吟,未畢業的吳婷穎、蘇品菁、阮亭雯、林久惠、董珊如、周品均、高鈺純、楊喻淳、鄭維真,感謝她們。此外,東方協理曾垂銜兄提供資料,老「東方人」與東方老客戶接受訪問,都應表示感謝。

2008年,東方與台灣廣告產業走了半世紀,一個人、一個產業、一個時代都值得被記錄下來。

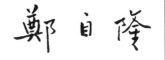

2009年 秋

作者簡介

## 鄭自隆

**現任：**
國立政治大學廣告系 專任教授

**學歷：**
國立政治大學新聞系畢業
國立政治大學新聞研究所碩士
國立政治大學傳播學博士

**經歷：**
國立政治大學廣告學系所主任（1997-1999）
文化大學新聞研究所、銘傳大學傳播管理研究所、世新大學公廣研究所、空中大學兼任教授
公務人員高等考試典試委員

**社會服務：**
財團法人廣播電視事業發展基金（廣電基金）董事長
（2005-2008）
中華電視公司 董事（2004-2006）
《中華民國廣告年鑑》總編輯（1995-）
中華民國電視學會 監事（2004-2008）
中華民國電視學會 常務監事（2008-）
中華民國發行公信會 監事（2004-）
行政院有線廣播電視審議委員會 委員（2007-）
行政院大陸委員會中華發展基金 委員（2006-）
國家通訊傳播委員會廣播電視節目廣告諮詢會議諮詢委員
（2007-）

**專書著作：**
1992《競選文宣策略──廣告、傳播與政治行銷》，台北：遠流。
1995《競選廣告──理論、策略、研究案例》，台北：正中。
1997《企業公共關係》，台北：國立空中大學。（空大用書、合著）
1998《廣告學》，台北：國立空中大學。（空大用書、合著）
2001《廣告管理》，台北：國立空中大學。（空大用書、合著）
2004《競選傳播與台灣社會》，台北：揚智。
2005《文化行銷》，台北：國立空中大學。（空大用書、合著）
2006《各國傳播媒體自律規範》，台北：行政院新聞局。
2007《打造「台灣」品牌》，台北：國立編譯館／揚智。
2008《電視置入──型式、效果與倫理》，台北：正中。
2008《廣告與台灣社會變遷》，台北：華泰。

共同作者

## 葉思吟
文化大學新聞研究所碩士
曾任《中國時報》編輯
世新大學講師
世新大學傳播研究所博士班研究生

## 廖文華
文化大學新聞研究所碩士
世新大學講師
世新大學民調中心助理研究員

## 蔡玉英
文化大學新聞研究所碩士
《自由時報》編輯

## 吳婷穎
國立政治大學廣告學系學生

## 蘇品菁
國立政治大學廣告學系學生

## 阮亭雯
國立政治大學廣告學系學生

## 林久惠
國立政治大學新聞學系學生

## 董珊如
國立政治大學廣告學系學生

## 周品均
國立政治大學新聞學系學生

## 高鈺純
國立政治大學廣告學系學生

## 楊喻淳
國立政治大學新聞學系學生

## 鄭維真
淡江大學大眾傳播學系學生

第一章
台灣廣告產業的前代理期

## 第一節　台灣媒體產業的興起

台灣媒體產業開創於清領時代的《台灣府城教會報》，光大於日治時代的《台灣日日新報》，日治時代除報紙外，亦有了廣播，而文人也踴躍投入雜誌經營，換言之，在日治時代三大媒體（報紙、廣播、雜誌）已有紮實基礎。東方廣告公司創辦之後的1962年，台視創立，台灣媒體產業於焉燦然成形。

### 一、報紙

### 《台灣府城教會報》

《台灣府城教會報》是台灣第一份報紙、第一個大眾傳播媒介，也是至目前仍持續發行的宗教刊物，創辦於1885年（清光緒11年）6月12日。

台灣的第一台印刷機為馬雅各奉獻，當初捐贈印刷機並不是為辦報，而是要印刷聖經、詩歌集與福音傳單，1880年5月馬雅各購置，1881年6月印刷機器運抵台南安平，但並沒有人懂得使用。將這部印刷機啟用並且賦予宣教意義的是巴克禮（Thomas Barclay）牧師，巴克禮是蘇格蘭人，1874年由倫敦長老教會海外宣道會指派至台灣宣教，從此一輩子奉獻給台灣，1935年以八十六歲高齡去世，去世後亦安葬於台南市郊三分子基督教公墓。1881年巴克禮例假返英，他特地找到一家印刷廠學習檢字與排版。1884年元月巴克禮返台，馬雅各捐贈的印刷機仍未啟封，巴克禮著手拆封，4月組裝完成，5月24日開工（當日為英國維多利亞女王生日），第一份印刷品順利印製完成。1884年（光緒10年）清法戰爭，部分傳教士到廈門避難，因此第一張的《台灣府城教會報》才延至1885年6月12日創刊。

《台灣府城教會報》使用廈門音福建話的羅馬拼音，並謂之「白話字」（民間稱為「蕃仔字」），不使用漢字的原因是當時文盲太多，而漢字學習困難，羅馬拼音只要學會字母就可以拼出白話，學習容易。《台灣府城教會報》一直使用羅馬拼音，直到1969年才在國民黨政府的要求下改為漢字發行。

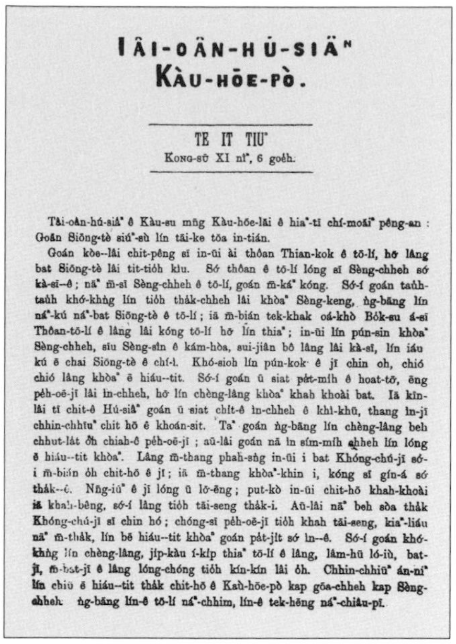

TÂI-OÂN-HÚ-SIÂⁿ
KÀU-HŌE-PÒ.

TE IT TIUⁿ
KONG-SŪ XI nîⁿ, 6 goe̍h.

Tâi-oân-hú-siâⁿ ê Kàu-su mn̄g Kàu-hōe-lāi ê hiaⁿ-tī chí-moāiⁿ pêng-an : Goān Siōng-tè siúⁿ-sù lín tāi-ke tōa in-tián.

Goán kòe--lâi chit-pêng sī in-ūi ài thôan Thian-kok ê tō-lí, hō͘ lâng bat Siōng-tè lâi tit-tio̍h kiu. Só͘ thôan ê tō-lí lóng sī Sèng-chheh só͘ kà-sī--ê ; nā m̄-sī Sèng-chheh ê tō-lí, goán m̄-káⁿ kóng. Só͘-í goán ta̍uh-ta̍uh khó͘-khǹg lín tio̍h thak-chheh lâi khòaⁿ Sèng-keng, ǹg-bāng lín náⁿ-kú náⁿ-bat Siōng-tè ê tō-lí ; iā m̄-bián tek-khak oá-khò Bo̍k-su á-sī Thôan-tō-lí ê lâng lâi kóng tō-lí hō͘ lín thiaⁿ ; in-ūi lín pún-sin khòaⁿ Sèng-chheh, siū Sèng-sîn ê kám-hòa, sui-jiân bô lâng lâi kà-sī, lín iáu kú ē chai Siōng-tè ê chí-ì. Khó-sioh lín pún-kok ê jī chin oh, chió chió lâng khòaⁿ ē hiáu--tit. Só͘-í goán ū siat pa̍t-mih ê hoat-tō͘, ēng pe̍h-oē-jī lâi ìn-chheh, hō͘ lín chèng-lâng khòaⁿ khah khoài bat. Iā kīn-lâi tī chit-ê Hú-siâⁿ goán ū siat chit-ê ìn-chheh ê khì-khū, thang ìn-jī chhin-chhiūⁿ chit hō ê khoán-sit. Taⁿ goán ǹg-bāng lín chèng-lâng beh chhut-la̍t o̍h chiah-ê pe̍h-oē-jī ; āu-lâi goán nā ìn sím-mih chheh lín lóng ē hiáu--tit khòaⁿ. Lâng m̄-thang phah-sǹg in-ūi i bat Khóng-chú-jī só͘-í m̄-bián o̍h chit-hō ê jī ; iā m̄-thang khòaⁿ-khin i, kóng sī gín-á só͘ tha̍k--ê. Nn̄g-iūⁿ ê jī lóng ū lō͘-ēng ; put-kò in-ūi chit-hō khah-khoài iā khah-bêng, só͘-í lâng tio̍h tāi-seng tha̍k-i. Āu-lâi nāⁿ beh sòa tha̍k Khóng-chú-jī sī chin hó ; chóng-sī pe̍h-oē-jī tio̍h khah tāi-seng, kiaⁿ-liáu nāⁿ m̄-tha̍k, lín bē hiáu--tit khòaⁿ goán pa̍t-ji̍t só͘ ìn--ê. Só͘-í goán khó͘-khǹg lín chèng-lâng, ji̍p-kàu í-kip thiaⁿ tō-lí ê lâng, lâm-hū ló-iù, bat-jī, m̄-bat-jī ê lâng lóng-chóng tio̍h kín-kín lâi o̍h. Chhin-chhiūⁿ án-niⁿ lín chiū ē hiáu--tit tha̍k chit-hō ê Kàu-hōe-pò kap gōa-chheh kap Sèng-chheh. ǹg-bāng lín-ê tō-lí náⁿ-chhim, lín-ê tek-hēng náⁿ-chiâu-pī.

圖1.1.1《台灣府城教會報》創刊號（1885）

在內容方面，由於係基督教刊物，所以以教會活動及聖經詮釋為主，在教會活動報導中亦有帳目結算、信徒人數、以及婚喪喜慶類似西方報紙社交欄的報導。透過《台灣府城教會報》可以瞭解當時庶民生活，是台灣社會史的重要史料。此外，亦有知識介紹，如第95期（1893年2月）介紹獅子，有獅頭的細緻圖片，以及爪、牙、骨骼的說明，第100期（1893年7月）介紹船的構造，第102期（1893年9月）介紹甘蔗製紙，第104期（1893年11月）介紹駱駝。

從內容觀之，清領期間的《台南府城教會報》是一份宗教性的綜合報紙，以教會消息、福音傳播為主軸，旁及新聞報導及知識性副刊，對南部地區民智啟迪貢獻極著。

## 近代化報紙的創刊

1896年（明治29年），日人據台始政後的第二年即有近代化報紙創刊，《台灣新報》創刊於該年6月17日，另一家則是1897年（明治30年）5月8日創刊的《台灣日報》，由於兩報相互競爭，1898年（明治31年）2月第四任總督兒玉源太郎就任，3月後藤新平出任民政局長，即著手處理兩報合併事務，5月1日合併，改名《台灣日日新報》。

新報名《台灣日日新報》，即取《台灣新報》與《台灣日報》之名組合而成，是日治時期台灣發行量最大、延續時間最長也是最重要的報紙，至1944年（昭和19年）4月1日因應戰時需要，與《台灣日報》、《台灣新聞》、《東台灣新報》、《興南新聞》、《高雄新報》合併為《台灣新報》後，宣布廢刊，總計發行15,800餘號，發行時間長達四十六年，從該報的內容與廣告，可以充分見證日治期間台灣社會的發展。[1]

日治初期除《台灣日日新報》外，在1896至1900年間創辦的報刊有《台灣產業雜誌》（1896年，週刊）、《台灣政報》（1896，週刊）、《台灣民報》（1898年，週刊）、《高山國》（1898年，週刊）、《台灣商報》（1898年，週刊）、《台澎日報》（1899年，日刊）、《台灣公論》（1899年，週刊）、《台灣商業新報》（1899年，雙日刊）、《台北新聞》（1899年，週刊）、《台中新

[1] 日治時期先後有多家報紙取名《台灣新報》、《台灣日報》，日人治台第一家報紙與最後一家報紙均名《台灣新報》，始於《台灣新報》亦終於《台灣新報》，可謂巧合。

聞》（1899年，日刊）、《台陽日報》（1900年，日刊）、《台灣新聞》（1900年，日刊）。顯示在日人治台之初的五年大眾媒體經營即綻放曙光，不過這些報紙都發行短暫。

戰後台灣第一大報是《台灣新生報》，由於接收《台灣日日新報》日產設備，因此硬體遙遙領先其他報社，又是省政府機關報，帶有官方色彩，發行通路通暢，所以廣告來源無虞，加上業務部門成員能幹，早期很多著名廣告人如徐達光、劉毅志、顏伯勤出自該報業務部，因此在六〇年代之前《新生報》一直維持第一大報地位。

六〇年代中期以後，《中央日報》挾國民黨黨報的優勢逐漸取代《台灣新生報》，《中央日報》著重台北中央政府的新聞，加上中央副刊內容符合當時知識份子的需求，頗受歡迎，所以取代了側重省政新聞的《台灣新生報》。七〇年代，《中國時報》、《聯合報》又取代了《中央日報》，成了台灣發行量最高的兩份報紙，兩報的優勢一直維持到1995年《自由時報》崛起，前後有二十餘年的榮景。

## 二、雜誌

1920年（大正9年）元月，林獻堂、蔡培火、林呈祿、王敏川、蔡惠如等人在東京成立「新民會」，7月16日《台灣青年》創刊，成了台灣政治運動與文化啟蒙的第一份雜誌。1922年（大正11年）改名為《台灣》，1924年（大正13年）停刊。

《台灣青年》易名為《台灣》後，部分編輯人員另於1923年（大正12年）4月創辦《台灣民報》，原為半月刊，後改為旬刊，再改為週刊。1930年（昭和5年）3月改為日刊，並易名為《台灣新民報》，該報有別於御用之《台灣日日新報》，對日本統治提出批評，引介西方思潮，鼓勵台灣新文學創作，還介紹中國政情，對台灣青年知識啟迪與視野延伸有重大貢獻。

除大眾化報紙與政論性刊物外，日治時期尚有文人雅士出版藝文性刊物，以發抒情感，交流同好，其中較主要的如《三六九小報》、《南音》、《台灣文藝》、《文藝台灣》、《台灣文學》等刊物。

戰後首先創刊的雜誌為《台灣春秋》，但不久即停刊，主要雜誌有《自由中國》（雷震主持）、《反攻》（臧啟芳主編）、《戰鬥青年》（王宇清主編）、《大陸雜誌》（董作賓主編）、《法令月刊》（虞舜主編）、《今日亞洲》（王旌德主編）、《民主憲政》（劉振東主編）、《自由談》（趙君豪主編）、《文壇》（穆中南主編），農復會的《豐年》、《新聞觀察》以及資深立委創辦的兩本雜誌，蕭贊育、謝仁釗、陳顧遠及陳宗騏等合辦的《建設雜誌》，楊一峰、余凌雲、潘廉方、董正之及劉振東合辦的《民主憲政》。

自中國遷台復刊則有《中國海軍月刊》、《中國的空軍》、《中國新聞》、《鈕司》、《週末觀察》等，香港的《新聞天地》係以航空版行銷台灣。此時期較著名雜誌有《自由中國》、《新聞天地》、《自由談》、《中國新聞》、《新聞觀察》、《鈕司》、《法令月刊》、《西風》、《文壇》及《豐年》。當時全國雜誌約150家，均不具商業廣告功能。

## 三、廣播

台灣廣播事業始於日治時代的1925年（大正14年），該年為日人治台二十週年，因此依循1915年「始政第二十回紀念」例，舉辦始政三十週年展覽會，在第三會場（總督府舊廳舍，即前清台灣巡撫布政使司衙門，今之中山堂）首次出現無線電廣播。

這個試驗性的放送會，以50瓦功率播音，自6月17日起試播十天，基隆、新竹、台灣、宜蘭均裝置收訊設備以測試效果。播音內容有總督演講、大稻埕藝妲「什音」演奏等。

台灣廣播事業的發展幾與日本同步；在日本，1925年3月東京放送局播音，6月大阪放送局播音，7月名古屋放送局播音，1926年（大正15年）三大都會區電台合組「財團法人日本放送協會」（NHK: Nippon Hoso Kyokai）。在台灣，1928年（昭和3年）總督府遞信局成立小規模電台，進行實驗性播音，每天播放五個小時，內容有新聞、教育、娛樂等。1929年（昭和4年）遞信局在淡水建立受信所設備，接收日

本、中國、南洋的電波，而放送所則設在板橋，以發送訊號。

1931年（昭和6年）台北放送局正式成立，局址即今二二八公園中之紀念館。電台代號為JFBK，該年亦成立「台灣放送協會」，並比照日本放送協會之運作，向民眾徵收「聽取料」（收聽執照費）作為營運收入，而日本NHK收取執照費之方式亦延續至今。

此外，廣播廣告台灣更領先日本，當日本電台還沒有播出廣播廣告時，台北放送局就有實驗性的廣告播出，1932年（昭和7年）6月開始播出廣告，以六個月為試播期，是當時日本統治地區（含日本本國與「滿州國」）中，第一個播出廣告的地區，領先日本本國。

1932年台南放送局成立。1935年（昭和10年）總督府舉辦始政四十週年大規模的博覽會，在「電器館」中特別布置電氣化家庭一日生活的場景，將一天劃分為六個時段，分段展示電器製品在生活中的角色，收音機當然扮演重要的伙伴，例如早上起床一家大小就在庭院中聽收音機做體操。該年台灣共有23,024台收音機，每千人平均有4.33台。1935年亦有台中放送局成立，電台代號JFCK；1940年（昭和15年）打貓（民雄）電台設立，1943年（昭和18年）嘉義電台成立，1944年（昭和19年）花蓮電台成立，全島廣播網幾已成型。

1938年的調查，當年台灣的收聽戶數有45,980戶，在亞洲排名第六，僅次於日本、滿州、荷屬印度（印尼）、英屬印度、土耳其；但若以每千人擁有收音機數來看，當年台灣每千人擁有收音機數是8.00部，在亞洲排名第四，僅次於日本、巴勒斯坦、香港。顯示台灣在日治後期已是極現代化的地區。[2]

屬於台灣放送局的各地分局，戰後均被國民黨政府接收，成立「台灣廣播電台」，再改組為中國廣播公司，由日產變國產再變為黨產，2005年被國民黨連同中視、中影賣掉。

中廣屬黨營事業，早期並不接受商業廣告，其運作經營係來自政府執照費，至1955年8月1日起中廣方接受一般商業廣告，在此之前僅有公關性質的節目提供，如菸酒公賣局。在1993

[2] 資料摘自呂紹理（2002）〈日治時期台灣廣播工業與收音機市場的形成（1928-1945）〉，《國立政治大學歷史學報》19：310。

年開放廣播頻道之前，中廣擁有台北總台、台中、嘉義、台南、高雄、花蓮、台東、宜蘭、新竹、苗栗等十座電台，是台灣最大的廣播集團。

在1966年之前，廣播一直是台灣的第二大廣告媒體，僅次於報紙廣告，即使1962年電視出現後，廣播仍然維持了四年的領先。由於廣告媒體有限，而且社會逐漸安定，工商亦陸續成長，廣告客源不虞匱乏，所以廣播廣告的業務快速成長。每一電台均有不錯的盈餘，這段期間被稱為廣播廣告的全盛時期，有人甚至說，廣播廣告「賣『空氣』的錢最好賺」。

## 四、電視

東方廣告社在1958年創辦，直到1962年，台灣第一家電視公司——台灣電視公司才成立，東方比「電視」這個新媒體還早了四年，足見東方創辦人溫春雄的遠見與膽識！

台灣電視公司是我國第一家電視台，1962年開播。早在1960年政府即有意籌辦電視事業，經當時執政之國民黨黨政高層會商，以台灣省政府在政府部門擁有的資源最多，遂決定將籌辦責任交付台灣省政府。1961年2月28日台灣省政府委員會通過，由省新聞處負責籌劃推動。

由於台灣並無設台經驗，因此籌設之初即與日本富士電視公司、東芝、日本電氣、日立簽約，引進日資與技術，當時台視總資本額為新台幣3,000萬元，日資投入日幣12,000萬元，折合新台幣1,210萬元。

1962年4月9日新廈動土，10月10日舉行開播儀式，由蔣介石總統夫人宋美齡女士剪綵，按鈕啟動訊號播出。

值得一提的是，台視在創辦之初為推廣電視機的普及，曾在業務部之下，除廣告組外，另設「電視機推銷組」，自1962年9月開始裝配生產電視機至1971年4月21日止，共計產製各型電視機48,450架，分別由日方投資人東京芝浦電氣株式會社（即東芝）、日本電氣株式會社（即NEC），及株式會社日立製作所（即日立）三大日本廠商供應主要零件，而由台視製配廠

自行裝配生產出廠。

由於日治時期扎下文明基礎與普及教育，因此戰後的台灣得以迅速從瓦礫中站起，三大媒體（報紙、廣播、雜誌）沒有中斷，加上電視的加入、1958年東方廣告創設，引發六○年代台灣廣告代理產業的蓬勃發展。[3]

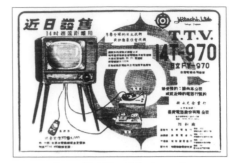

圖1.1.2「台視電視機」廣告（1962）
資料來源：1962/9/15徵信新聞報

## 第二節　戰後的廣告產業

在東方廣告創立之前，戰後至1957年可謂之「台灣廣告代理萌芽期」，此時期雖然沒有現代化的綜合廣告代理，但仍然有廣告活動，廣告產業主要為報紙廣告、戶外廣告與廣播廣告，這個時期可謂之「沒有廣告代理商的廣告產業」。

### 一、報紙廣告

戰後初期的廣告媒體以報紙為主，報紙廣告分為兩個系統，一是報社業務部門，另一是捐客型廣告公司。

當時《新生報》為第一大報，台北總社設有編輯、經理兩部，及主筆、秘書、會計三室，編輯部門由總編輯負責，下分編輯、採訪、資料、編譯四組，與收電、發電兩課，經理部門由總經理負責，下分總務、營業、工務三組，營業組設發行、廣告兩課。廣告業務即由營業組廣告課負責。[4]

許多廣告耆宿都來自戰後初期的報社廣告部門，如國際工商創辦人劉毅志，東海創辦人徐達光、廣告學者顏伯勤來自《新生報》，台廣創辦人陳福旺來自《中央日報》，華商創辦人錢存棠來自《聯合報》。

捐客型廣告公司始於1949年趙君豪與丁字文的大陸廣告公司，1955年高登貴的藝文廣告社，1956年史習枚的聯合廣告公司，由於當時報社業務員推銷版面的佣金為百分之二十，而捐客的佣金所得只有百分之十[5]，因此經營不易。

報紙廣告版面的構成亦在這個階段定型，戰後各報的版面劃分

[3] 此節「台灣媒體產業的興起」整理自鄭自隆（2008）《廣告與台灣社會變遷》，台北：華泰。

[4] 參考自台灣新生報編（1990）《衝越驚濤的年代》，頁696-697，台北：台灣新生報。

[5] 資料引自劉毅志、劉會梁（1998）〈台灣廣告史——整理與回顧〉，《中華民國廣告年鑑》第10輯，頁44，台北：台北市廣告代理商業同業公會。

不一，如《新生報》第一版全為分隔插牌式廣告，而《民報》則全為新聞，後來則漸漸一致，而形成一版有二十批（或稱「欄」、「段」），每批一吋高，使用新5號字9個字，每批有130行，這種劃分法影響了近代報紙廣告的版面與管理，目前所稱的「十全」（或「全十」）廣告，即是全10批的版面，亦即佔全版面20批中的10批，也就是半版的廣告，至於「三全」（或稱為「全三」）、「五全」也是同樣的概念，至於「半十」（或稱為「十半」），則是全10批的一半，也就是四分之一版的廣告。分類廣告亦以「欄、行」計價，如2欄高的分類廣告，刊登5行，則至多可以寫入90個字（2批×5行×9字＝90字）。

二、戶外廣告

除報紙外，四〇與五〇年代戶外廣告亦蓬勃發展。

土斌賢的興業廣告公司可謂之台灣戶外廣告的先驅，王氏原任職上海游昌公司，被公司派至台灣，代理台灣分公司負責人職務，游昌為當時專做全國性戶外看板的公司，王氏勇於任事，因此業務奇佳，業績甚至超越上海總公司與漢口分公司，當時戶外看板係用長型木條，本地並不生產，所以都由上海進口。1949年國共內戰國民黨潰敗，台灣游昌與台灣上海總公司失去聯繫，於是1954年王氏自創興業廣告公司，成為台灣第一家專業戶外廣告公司，其業務北起基隆，南迄中南部之精華地段，以及台北松山機場、車站、台北橋等交通樞紐均有其看板。

當時戶外廣告公司除商業機能外，尚負有「美化市容」與「政令宣導」任務，台北市警察局曾以市容破落為由，在中山北路及衡陽路部分路段，設置廣告看板以遮蓋兩旁建築；1960年美國總統艾森豪來訪，王氏即撤下商業廣告，改上「中美友好萬歲」、「我們敬愛艾森豪總統」的廣告；此外，平常在重要路段也會樹立「為保衛中華民國而戰」、「為實現三民主義而戰」的文宣看板。[6]

三、廣播廣告

在五〇年代甚至六〇年代中期之前，家中擁有收音機仍是社會地位的象徵，為值得炫耀的商品，因此「廣播」在當時屬強勢

[6] 資料引自中華民國廣告年鑑編纂委員會（2002）〈台灣戶外廣告的發展與演變〉，《中華民國廣告年鑑》第14輯，頁87-88，台北：台北市廣告代理商業同業公會。

媒體。

不過這個時期政府是將廣播視為政令宣導工具，而非商業傳播工具，因此廣播廣告盡量淡化，公營電台也不得播出廣告，1954年教育部廣播事業管理委員會始邀集各民營台代表會商、決議：

（1）播送商業廣告時間每次不能超過二分鐘。
（2）儘量利用廣播劇方式播出。
（3）融化於娛樂節目中以機巧的方法表達。至於公營電台則經委員會議決，不能播送商業性廣告。

1959年12月交通部公布「廣播無線電台設置及管理規則」，按照性質，將節目分成五類。商業廣告自成一類，並明訂：「公營不得播送商業廣告，民營不得超過百分之二十」。

這個時期的廣播電台分為官方與民營兩大系統，官方電台又分公營（中央廣播電台、警察廣播電台、復興廣播電台、台北市政廣播電台、教育廣播電台），黨營（中國廣播公司、幼獅廣播電台），與軍方電台（軍中廣播電台、空軍廣播電台、光華）。

民營電台則有民本、正聲、鳳鳴、中華、國聲、勝利之聲、華聲、電聲、先聲、燕聲、建國、天南、震華、天聲、台灣廣播公司，而益世與中聲為天主教電台。這些電台發射範圍涵蓋台灣各地，目前都在持續營運中。

廣告經營受到社會條件與媒體條件的制約，社會混亂、政治獨裁情境下，工商經營狀況不易，媒體則無從茁壯，廣告也無法成長，媒體廣告只能在夾縫中勉強生存，在東方出現之前的台灣廣告產業就是這種現象。[7]


## 第三節　東方之前的溫春雄

創業者通常懷抱理想，為了理想勇往直前，因此行事風格也會充滿浪漫與霸氣。台灣第一家廣告代理商東方廣告的創辦人溫

[7] 此節「戰後的廣告產業」整理自鄭自隆（2008）《廣告與台灣社會變遷》，台北：華泰。

春雄就是這樣的一個人。

溫氏為屏東恒春人，出生於日治時期的大正11年（1922）。就在這一年，林獻堂展開「台灣議會設置請願運動」，同年蔣渭水發起的「台灣文化協會」也成立了，台灣進入文化啟蒙與政治啟蒙的時期。

大正時期有學者譽之為「台灣的文藝復興期」，西洋文化經由日本的兩級傳播傳入了台灣，台灣的官方建築充滿巴洛克風格，縱貫鐵路通車，教育逐漸普及，電力、自來水在都會地區很普遍，都市計畫、戶口制度也建立了，知識份子與士紳開始聽古典音樂、懂得欣賞西方油畫、閱讀社會主義書籍，並支持與關懷農民、工人運動，也向日本政府爭取設立台灣議會。

大正時期的台灣文明薈萃，有了客運、圓山動物園，總督府圖書館啟用、蓬萊米試種成功。總督府在大正8年（1919）公布「台灣教育令」，確立台灣各級教育制度，並實施日台共學，取消台人與日人的差別制度與隔離教育。

恒春古稱瑯橋，地處我國南疆，因四季皆春故名「恒春」。恒春雖然偏遠，但文風亦盛，父母皆注重孩子的教育。溫氏父母經營米店家境小康，昭和10年（1935）台灣有了第一次的公職選舉（第一屆市議員與街、庄協議員選舉），就在那一年溫氏小學畢業，父母傾其積蓄將他送往廣島世羅中學唸書。於是溫氏和表哥陳振茂、恒春首富之子陳恒隆一行三人從恒春搭車至基隆，再轉輪船至廣島求學。

日本學校極注意體育，體育不但鍛鍊體魄，更是意志力的貫徹。在世羅中學溫氏成了柔道三段的好手，學柔道不但為了強身，更可以打敗日本同學而不受欺負。日本人是一個「敬強欺弱」的民族，尊敬強者欺凌弱者。學習柔道，讓溫氏有了對抗壓力的能力，而勤練英文與「支那語」（北京話）也使溫氏在戰後能夠順應變局。

昭和15年（1940）溫氏自世羅中學畢業，進入神奈川大學貿易系就讀，昭和18年（1943）大學畢業後，進入吳羽紡績（織）株式會社工作，月俸六十圓。吳羽紡織屬伊藤忠商事會社

系統，而伊藤忠為當時四大商社之一。兩年後，由於表現傑出被派至大建產業與三菱電工，到三菱電工月俸調升至七十二圓。

1945年（昭和20年）終戰，昭和「玉音放送」宣佈投降，麥帥的佔領軍進駐日本，溫氏轉任駐日美軍第八軍三十三師團翻譯官。戰後時局混亂，在日本謀生不易，溫春雄發揮同鄉愛運用其佔領軍翻譯官的方便，協助落難日本的台灣人返回故鄉。1946年溫氏亦返台，先在台中的台灣紡織烏日廠短暫任職，不久轉往台北，與友人吳德水在迪化街創辦老春成商行，經營布匹買賣。

1949年溫氏又與來自上海的宣錫鈞成立華昇企業，經營進出口業務。1956年與馬學坤投資「毛皂王」的生產。毛皂王也就是肥皂粉，在五○年代為先進的商品，但與當時家庭洗衣習慣不符，五○年代鄉下洗衣是在河畔搓揉，都市是用肥皂與洗

圖1.3.1 溫春雄與表哥陳振茂、恒春首富之子陳恒隆合照 資料來源：東方廣告公司提供

圖1.3.2 溫春雄師生合照 資料來源：東方廣告公司提供

圖1.3.3 溫春雄在神奈川大學北京話班　資料來源：東方廣告公司提供

圖1.3.4 溫春雄在神奈川大學「英語班」　資料來源：東方廣告公司提供

衣板，都用不著肥皂粉，因此溫氏生產的毛皂王，一星期的產
量可以賣上一整年。

毛皂王失敗，1958年溫氏從老闆變為夥計，任職伊藤忠商社
所屬竹腰生產株式會社的台北支店長，直到創辦東方廣告社。

從創辦東方廣告之前的溫氏表現，可以看出溫氏具備創業者的
特質：

## 1. 學識紮實

溫春雄大學畢業主修商科，受過完整商學教育，通日文、英文、華文，也因基礎好馬步穩，因此溫氏可以不斷吸收新知並應用於事業上。

溫氏在1958年還編寫了一本《商品銷售法》，是台灣第一本行銷學著作。這本書原為英文，後被譯為日文，溫氏看了日文版，再加入了自己閱讀心得與多年商場觀察經驗，編撰成書。這本書不但對台灣企業界有所啟發，也是東方廣告公司成立的「理論基礎」。

## 2. 體魄強健

許多創業者在學生時期都是運動好手體育健將，在廣告界溫氏擅長柔道，曾任職東方的台灣電通董事長胡榮灃則是橄欖球高手，即為一例。運動的訓練讓人可以面對挑戰，並且有強烈的企圖心贏得勝利，即使失敗也能坦然面對。溫氏在創辦東方廣告之前，所投入的許多產業其中有成功有失敗，但他都能舒懷看之，這就是運動員精神。

## 3. 身段靈活

創業者必須身段靈活，不樹敵，人人都是朋友，都可以合作。

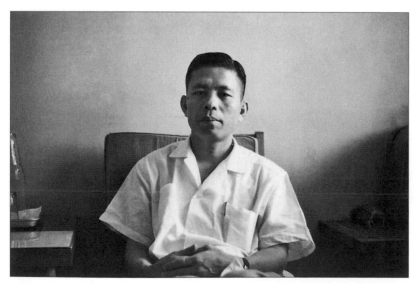

**圖1.3.5 東方廣告公司創辦人溫春雄** 資料來源：東方廣告公司提供

溫氏就是這樣的個性，他可以在日本商社工作，也可以和中國商人合作開創事業，與本地同事更是相處融洽，在東方廣告副董事長職務退休的黃宗鎧，自台大畢業後一直至退休，都待在東方，也顯示溫氏待人敦厚。

### 4. 無懼失敗

所有的創業者在成功之前必然會歷經許多失敗，很多人失敗之後再也一蹶不起，但溫氏面對失敗，不逃避不執著，毛皂王失敗了，就到日本商社「吃頭路」。創辦東方之後，溫氏也首次引進美國百事可樂、日本「芳鄰」餐廳，都不算成功，但溫氏都勇敢面對，思考反省再前進。

### 5. 勇於創新

創新是創業者重要的特質。敏銳觀察外在環境，從大環境變化中找出利基點，為人所不為，為人所不敢為，然後全力出擊。

溫氏創辦毛皂王、東方廣告，引進白事可樂，以及創風氣之先的日式連鎖餐廳「芳鄰」都是創新的表現。創新帶來契機，但不保證一定成功，必須有坦然面對失敗的勇氣。

完整教育、知識豐富，強壯體魄、意志貫徹，身段靈活、待人敦厚，敏銳觀察、勇於創新，可以享受成功果實、亦能坦然面對失敗挫折，這些創業成功者的特質在溫春雄身上都可以看到，亦值得後來者學習。

第二章
開啟廣告代理時代
（1958-1965）

## 第一節　由混亂茫然步入穩定的台灣社會

國立政治大學廣告系鄭自隆教授審視戰後台灣廣告產業的發展，將其劃分為五個階段[8]：

第一階段：戰後萌芽期1945～1957
第二階段：廣告代理導入期1958～1965
第三階段：成長期1966～1975
第四階段：競爭期1976～1988
第五階段：多元期1989～

第一階段始自1945年，該年終戰；第二階段開始於1958年，此為台灣第一家廣告代理業東方廣告社籌辦之年，作為台灣廣告代理導入期的起始，自有其意義；第三階段始自1966年，該年台灣主辦第五屆亞洲廣告會議，象徵台灣廣告蓬勃發展；第四階段與第五階段的劃分，則以社會變遷與政治變遷為考量，1975年蔣介石去世，開始蔣經國治台的時代，此階段亦由於開放外商廣告公司來台，而形成外商與本土的競爭；1988年蔣經國去世，台灣告別兩蔣集權獨裁統治，而1989年的三項公職人員選舉，首次開放報紙競選廣告，同時亦開啟了台灣政黨政治，自有其特別意義，而自1989年迄今，台灣廣告業無論代理型式、廣告表現、媒體類型、媒體購買均有多元發展，自可謂之「多元期」。本書即根據鄭氏劃分之台灣廣告產業不同階段，用以觀察東方廣告公司的發展。

1958年台灣第一家綜合廣告代理商——東方廣告社成立，1965年美援終止、高雄加工出口區成立、台視南部轉播站啟用並完成全省聯播網。此階段謂之「廣告代理導入期」，多家老牌迄今尚在營運的廣告公司，如東方、台廣（現易名為「台灣電通」）、國華、華商（現易名「博達華商」）、國際工商（現易名「英泰」）、太洋（現易名「太一」）均在此時期成立。此時期台灣由混亂茫然，逐漸步入穩定成長。

穩定一方面來自政治上的蔣氏政權高壓統治，另方面經建計畫亦帶來民眾生活的曙光，這時期台灣社會有如下的重大事件：

[8] 鄭自隆（1999）〈廣告與台灣社會：戰後五十年的變遷〉，《廣告學研究》第13輯，頁19-38，台北：國立政治大學廣告系。

## 1958

◎警備總司令部成立，執行戒嚴任務與思想檢查；

◎「八二三」炮戰，台海亦有海戰、空戰；

◎東方廣告社成立，是台灣第一家綜合廣告代理商。

## 1959

◎八七水災，台灣百分之四十三的農地與百分之三十六的農家
　受到損害，其影響不遜1999年的九二一地震；

◎國產商品展覽會在台北新公園舉行，商展是五〇、六〇年代
　促銷商品的重要活動。

## 1960

◎頒布「獎勵投資條例」，以租稅減免方式鼓勵儲蓄、投資、
　出口。

## 1961

◎劉公圳分屍案，《聯合報》、《徵信新聞》因密集報導，發
　行量逐漸提升；

◎台廣、國華二家廣告公司創立。

## 1962

◎台視開播（10月10日），是台灣第一座電視台；

◎華商、國際工商、太洋等廣告公司創立。

## 1963

◎香港電影《梁山伯與祝英台》在台連映162天、930場，引
　起熱潮，帶動黃梅調電影流行，也促成「凌波熱」；

◎台北市報界成立「新聞評議會」，這是台灣最早的新聞自律
　團體。

## 1965

◎高雄加工出口區成立，設在前鎮的海埔新生地，鼓勵外商來
　台設廠加工、免稅外銷，台灣逐漸邁入外銷導向；

◎《台灣新生報》主辦「最佳報紙廣告設計獎」，是我國的第
　一個廣告獎項，可惜只舉辦一屆。

在這些社經事件中，與經濟有關的是高雄加工出口區成立，創

設加工出口區的構想始於五〇年代末，形成於六〇年代。1965年在當時經濟部長李國鼎主導下，通過「加工出口區設置管理條例」，開始籌建加工出口區，設置於高雄市前鎮區，由港區內濬港工程所填成之海浦新生地上，面積68.36公頃，各項主要公共工程，始於1965年7月，完成於1966年12月，不但為台灣第一個加工出口區，也是世界首創。

高雄加工區為一兼具自由貿易區與工業區兩者之長的綜合園區，成立後獲得國內外業者熱烈迴響，申請投資者絡繹不絕，僅二年餘即超越原訂計畫目標，區內已呈現飽和狀態（80家投資廠商）。於是1968年繼續籌建楠梓加工出口區及台中加工出口區，目前台灣共有五個加工出口區。

所謂加工出口區就是「保稅工業區」，區內的生產品出貨係直接出口並享有退稅優惠，因為只外銷而且出口免稅，所以早期區內的門禁頗為森嚴，出入的車輛都必須盤檢是否有夾帶物料貨品進出，以防止將外銷保稅商品直接銷往國內，為門禁管理嚴格的封閉型集中廠區。

設置加工出口區的原因，主要是國內資金短缺，亟需大力改善投資環境，吸引僑外投資及拓展輸出，增加外匯收入；而當時發展的民生必需品工業面臨國內市場飽和問題，必須突破國內市場限制，拓展外銷，因此經由加工出口區的設置以學習、培養國際經營能力；此外，人口快速增加、農村勞力過剩，亦需創造就業機會。

加工出口區的設置在我國經濟發展史上極具意義，開啟台灣邁向國際市場的一扇窗，台灣商人開始懂得接單、生產、外銷，出口導向累積外匯存底，奠定台灣經貿繁榮基礎。這證明當時財經官僚的優秀，也是國民黨對台灣的最大貢獻。

五〇年代末期至六〇年代中期，台灣局勢稍穩，民間經濟能力提升，開始有了兒童零食廣告，這個時期的時尚與流行商品是「二黑一白」。「二黑一白」指的是：黑松汽水、黑人牙膏與白蘭香皂。

黑松汽水創業於1925年（大正14年），生產富士牌彈珠汽水，

圖2.1.1　東方作品：黑松飲料廣告（1960）

是台灣當時眾多地方型汽水廠之一，但創辦人張文杞深知行銷力量，不斷以廣告、促銷推廣，並積極參與商展和民間迎神活動，增加與消費者面對面接觸，終於成了本土第一飲料品牌。

黑人牙膏是「外來」品牌，1944年創業於上海，1949年在台復業，戰後初期牙膏市場同樣品牌眾多，尤其三星牙膏更是黑人牙膏的主要競爭對手，但憑著亮眼的LOGO（頭戴大禮帽露齒而笑的黑人）與持續的廣告、縝密的鋪貨，黑人牙膏在國外牙膏尚未核准來台之前，是本地的第一品牌。

白蘭香皂是國聯工業的產品，戰後香皂市場以美琪居冠，但後來因有台語明星「白蘭」紅極一時，白蘭香皂以她為名，也連帶成了受歡迎品牌。後來白蘭香皂逐漸退出市場，民眾所熟悉的反而是白蘭洗衣粉。

而民間最夯的電器商品則是大同電鍋與大同電扇，大同公司創辦於1918年（大正7年），前身為「協志商號」，創辦人林協志，1939年（昭和14年）成立「大同鐵工所」，開始使用「大同」商標。六〇年代台灣中等以上家庭家家戶戶都有大同電鍋與大同電扇，堅固實用，樸實的商品性格就與大同公司的企業精神一樣。

大同公司的口號「打電話服務就來」，是六○與七○年代最流行的口號，不但成為民眾的口頭禪，也為選舉期間候選人的競選口號。此外大同公司的廣告歌曲（大同、大同、服務好……）在當時頗為風行，很多小朋友都會唱。

在民間的娛樂方面，當時最時興觀看黃梅調電影，1963年4月香港邵氏電影公司的《梁山泊與祝英台》黃梅調電影來台上映，連演162天、930場，台灣掀起一股「凌波熱」、「黃梅調熱」。

「梁祝」在台灣能引起風潮，主要是創新——開創前所未有的黃梅調電影，因唱詞典雅，因此也受當時知識份子的歡迎；故事熟悉，因此即使聽不懂國語的民眾也不會排斥；凌波反串扮相俊俏，男人認為她是女人，女性觀眾則認為她是男人，因此不分男女也都喜歡。當時很多人看「梁祝」不是只看一次，而是看了數次，甚至有人連看數十次。「梁祝」電影帶來連續二、三年的黃梅調電影熱潮，凌波主演的《七仙女》、《三笑》都大賣。

此外，應該一提的社會現象是「家庭計畫」。戰後的台灣，一方面「避秦」渡海新移民的移入，另方面生活逐漸安定，生育率也就提升，也由於醫學進步，容易導致嬰兒死亡的疾病，如白喉、百日咳等均能有效控制，因此嬰兒存活率大增，而人口數也逐年攀升。據統計，1945年台閩地區總人口662萬人，1949年人口為739萬餘人，1958年人口突破1,000萬人。

時任農復會主委的蔣夢麟是第一個發現這個危機的人。1959年蔣氏發表〈讓我們面對日益迫切的台灣人口問題〉一文，呼籲重視人口問題，但當時政治氣氛要「反攻大陸」，民眾必須「增產報國」多生男丁，以免影響戰力，因此不敢全面公開提倡節育措施。不過人口無限成長，不但會抵消經濟成長，還會衍生教育、社會問題，1964年政府終於成立家庭衛生委員會，全面推行家庭計畫工作，口號為「實施家庭計畫，促進家庭幸福」。大家所熟悉的「兩個孩子恰恰好，男孩女孩一樣好」口號是1971年提出的，當年台灣人口密度高居世界第一，由於口號易懂易記，因此傳播效果良好，台灣生育率終獲控制，

也得到美國人口危機委員會、國際人口行動委員會的讚許。

不過由於時代的變遷，少子化、頂客族、不婚族、寄生族等家庭觀念的改變，台灣人口呈現另一個危機──負成長，2002年政府已修改了家庭計畫口號，變成「兩個孩子很幸福，三個孩子更熱鬧」，希望民眾多生幾個小孩。

時代在變，使得很多事情是「昨是今非」或是「昨非今是」。

## 第二節　商業媒體主導廣告市場

從傳播的發展史來看，媒體受到社會的制約，而廣告又受到媒體的制約，在廣告代理導入期，就看到了媒體明顯的成長，戰後第一大報為接收日產《台灣日日新報》而創辦的省營報紙《台灣新生報》，不久國民黨機關報《中央日報》取代《台灣新生報》，雖然《中央日報》在當時還是第一大報，但《徵信新聞》與《聯合報》已逐漸嶄露頭角，形成氣候，而台灣第一家電視台「台視」也在這個時期創辦，台灣從此走入商業媒體主導廣告市場時代。

### 一、報紙

#### 《徵信新聞》

《徵信新聞》為《中國時報》的前身，1950年10月2日創刊，由台灣省物資調節委員會出資，余紀忠籌辦，社址在台北市開封街，創刊時為單張四開油印的晚報，每天下午出刊，週日休刊，零售每份六角，訂閱每月15元，是以經濟消息為主的報紙，發行對象為工商人士。

1960年元旦，更名《徵信新聞報》，成為綜合性報紙，該年9月起每日出版兩大張，報份逐漸擴增。1968年3月29日，首度啟用美國高斯公司彩色輪轉機，推出我國第一份彩色報紙，該年9月1日更名《中國時報》。

七〇年代由於台灣經濟成長，報紙發行量、廣告均大幅提升，

中時也逐漸往報團型態發展。1978年創辦《時報週刊》，是國內首創之大開本綜合性雜誌；同年年底，創辦《工商時報》；1982年創辦《美洲中國時報》；1986年創辦《時報新聞週刊》。[9]

## 《聯合報》

《聯合報》是名符其實的「聯合」，戰後報紙眾多，但發行量少廣告更少，經營不易，1951年《經濟時報》發行人范鶴言提出聯合經營的構想，獲得《民族報》發行人王惕吾、《全民日報》發行人林頂立的同意，1951年9月16日創辦三報的「聯合版」。

創刊之初，報頭並列三報報名（民族報居中，全民日報在右，經濟時報在左）下書聯合版。社務由王惕吾、范鶴言負責，關潔民任總編輯兼總主筆，吳來興任總經理，下設採訪、編輯、資料三組。當時政府規定報紙每日發行一張半，但因三報分版，所以發行二張，每月報費20元，創刊日發行12,248份。

1953年改名《全民日報、民族報、經濟時報聯合報》，1958年6月20日正式更名《聯合報》，王惕吾任發行人，范鶴言任社長，林頂立任監察人。

1964年發行國外航空版，1967年收購《公論報》報證，創辦《經濟日報》。早在1951年「聯合版」創辦之初，王惕吾即曾遊說《公論報》發行人李萬居加入，但李氏以維持《公論報》的獨立性而婉拒，後因言論忤逆當道，《公論報》產權被迫易手並終於停刊，報證輾轉為王氏以120萬元購得，並以此創辦《經濟日報》。[10]

1974年創辦聯經出版社、中國經濟通訊社及政論性雜誌《中國論壇》半月刊，1976年創辦《世界日報》，1978年創辦《民生報》（2006年停刊），1982年創辦《歐洲日報》，1984年創辦《聯合文學》，1986年《泰國世界日報》加入聯合報系，1992年創辦《香港聯合報》（1995年停刊），2001年創辦《印尼世界日報》，為大型華文報團之一。[11]

[9] 有關《中國時報》說明，參考自中國時報（2000）《中國時報五十年》，頁12-13，台北：中國時報。

[10] 參考自陳國祥、祝萍（1987）《台灣報業演進40年》，頁78，台北：自立晚報；王天濱（2003）《台灣報業史》，頁280，台北：亞太。

[11] 有關《聯合報》說明，參考自聯合報（2001）《聯合報五十年》，台北：聯合報。

《聯合報》與《中國時報》自七○年代起主導台灣言論市場與廣告市場，兩報發行人王惕吾、余紀忠均貴為國民黨中常委，風光二十餘年，直到九○年代中期《自由時報》崛起。

## 二、電視

### 台視

台灣電視公司是我國第一家電視台，1962年開播。

早在1960年政府即有意籌辦電視事業，經當時執政之國民黨黨政高層會商，以台灣省政府在政府部門擁有的資源最多，遂決定將籌辦責任交付台灣省政府。1961年2月28日，台灣省政府委員會通過，由省新聞處負責籌劃推動設立「台灣電視廣播事業股份有限公司」，並先成立「台灣電視廣播事業籌備委員會」，設主任委員及副主任委員各一人，下設籌備處，聘周天翔為處長，主持籌備工作。

同年3月4日，台灣電視事業籌備委員會舉行第一次籌備會，決定籌備資金為新台幣3,000萬元。4月14日，台灣電視事業公司籌備委員會主任委員魏景蒙，與日方代表富士電視公司營業部負責人峰尾靜彥簽訂合約，協議台視總資本額為新台幣3,000萬元，日本東芝、日本電氣、日立與富士電視等四公司共投資日幣12,000萬元，折合新台幣1,210萬元；日本廠商在台視的資金一直維持到2007年才退出，該年民進黨政府貫徹陳水扁2000年競選總統政見「黨政軍退出媒體」，將台視股權由標價最高者得標售予民間，日資亦依廣電法規定由國人承接。

國外資金籌足後，台灣電視公司籌備處，下設經費籌措、工程、節目、業務等小組，積極推展籌備工作。1962年4月28日，舉行發起人會議，通過公司章程。選出董事十五人，我方九人，日方六人組成董事會，並推選林柏壽為董事長，聘周天翔為總經理，隨即依法向主管機關申請公司登記。[12]

1962年4月9日新廈動土，趕在一百二十個工作天完成，以配合10月10日的開播。經日以繼夜、披星戴月的趕工下，準時

[12] 台視即以4月28日為台慶日；台視創辦過程引自台視公司（2002）《台視四十年》，頁22-23，台北：台視公司。

在雙十節舉行開播，由蔣介石總統夫人宋美齡女士剪綵，按鈕
啟動訊號播出。

## 中視

中國電視公司屬國民黨黨營事業，1969年開播，為我國第二
家無線電視台。

由於台視經營日上軌道，廣告營收逐年呈倍數成長，因此吸引
很多單位試圖加入市場。中國無線電協進會、中廣公司、國內
各民營電台都有意申請設立新電視台，前後達數十家，經蔣介
石裁示，以中廣公司為核心，結合各民營廣播電台及工商企業
人士加入集資，經協商股份後，中廣公司佔50%、民營電台佔
28%。曾向交通部申請設立電視台之工商企業人士佔22%。

1967年10月中視公司在中廣主導下，成立籌備處，由當時中
廣公司總經理黎世芬擔任籌備處主任，1968年9月於中山堂堡
壘廳舉行成立大會，通過公司章程，選出21席董事、7位監察
人，由谷鳳翔擔任董事長，黎世芬兼任總經理。1969年10月
31日蔣介石誕辰，中視開播，由當時副總統嚴家淦按鈕啟用。

## 華視

華視成立之初，以「中華電視台」為名，1971年開播，至
1988年方更名為「中華電視公司」。華視係由國防與教育兩部
合作，擴建原有之教育電視台而成。[13] 1968年12月，國防、
教育兩部，為謀求軍中教育與社會教育之加強，經協商決定以
合作方式擴建教育電視台。

中華電視台新廈，於1971年2月份破土興建，7月底完成，為
時僅六個月。同年元月31日，「中華文化電視事業股份有限
公司」（後改稱華視文化股份有限公司）舉行發起人會議，劉
闊才為董事長，藍蔭鼎為常駐監察人，聘劉先雲為總經理。劉
先雲之所以肩負重任，係因擔任教育部社會教育司司長兼國立
教育資料館館長時，成功籌劃教育電視台之故，劉氏曾擔任教
育廳長、教育部社會教育司司長、台北市教育局長，在教育部
次長任內轉任華視第一任總經理；他也是廣告耆宿，前華商副

[13] 嚴格來說，教育電視台才是我國第一座電視
台，全名為「教育電視實驗廣播電台」，
1962年2月14日開播，每晚播出兩小時，
內容為教學與社教節目。參考自中華民國電
視學會（1976）《中華民國電視年鑑》，頁
9。

總經理、輔大教授劉會梁之尊翁。

華視於1971年10月31日蔣介石誕辰日開播,由於有軍中教育(「莒光日教學」)及空中教學功能,所以華視為國內唯一擁有VHF及UHF雙頻之電視台。

### 三、廣播

在1966年之前,廣播一直是台灣的第二大廣告媒體,僅次於報紙廣告,即使1962年電視出現,廣播仍然維持了四年的領先。在五○年代甚至六○年代中期之前,家中擁有收音機仍是社會地位的象徵,是值得炫耀的商品。

這段時間的廣告以藥品為最大宗。1965年當中國廣播公司打算接受商業廣告時,還得與其他民營電台協調,允諾只播進口及與外資技術合作的藥品(如田邊製藥的「安賜百樂」),不作本地藥廠自己產製的藥品廣告。14 可見藥品廣告是當時電台的主要廣告來源。

由於廣告媒體有限,而且社會逐漸安定、工商亦陸續成長,廣告客源不虞匱乏,所以廣播廣告的業務成長十分快速。各家電台均有不錯的盈餘,這段期間被稱為廣播廣告的全盛時期。有人甚至說,廣播廣告「賣『空氣』的錢最好賺」。

早期節目與廣告是沒有區分的,很多節目主持人經由向電台購買時段,自己製作節目,再向外兜攬廣告,獲得成功後,部分主持人即自己投資藥廠,製作一些非處方藥,如保肝、清血、腸胃、感冒之類的藥品,在自己節目銷售,從廣播人變為藥商而致富。這種早期的廣播廣告經營方式,沿襲五十年沒有改變,現在很多小功率、地方型電台亦延續這種廣告經營方式。

地方性廣告由廣播電台總攬,而全國廣告則由「三台兩報」(台視、中視、華視與《聯合報》、《中國時報》)主導,在七○年代要上兩報一版廣告必須在一個月前捧現金預訂,要上三台八點檔必須拜託業務員,平時也要送禮打點,「三台兩報」現在回憶往日風光,想必欷歔。

14 見陳江龍(2004)《廣播在台灣發展史》,頁92,嘉義:作者自行出版。

## 第三節 東方的籌備與誕生

1958年溫春雄創辦「東方廣告社」──台灣第一家綜合廣告代理商。

台灣早在日治時期的明治31年（1898）已有媒體（報紙）掮客性質的廣告業者，當時《台灣商報》的報紙廣告即委由「三盛商會」來承攬，《台灣商報》在台北西門外市場町十八番，三盛商會在西門街一丁目一番地，二家地址不同。三盛商會顯然是獨立的廣告掮客，並非附屬於報社的業務部門，這也顯示我國廣告業起源甚早。

戰後的廣告業者也屬掮客性質，掮客所承接的廣告也必須透過報社業務員發稿，業務員扣下一部分佣金，剩下的佣金才歸掮客業者，但溫氏創辦的東方廣告社和媒體掮客的廣告業者不同，由於溫氏有豐富的商場經驗，也編譯了台灣第一本行銷書《商品銷售法》，因此東方一開始就是一家綜合的廣告代理商，並不是銷售報紙廣告版面的掮客。

東方廣告社係由溫春雄主導，在當時台灣紡織董事長李占春、新光企業吳火獅、味王陳雲龍、環球水泥吳尊賢、顏岫峰、中南紡織吳明，以及葉生財、張明德、邱石定、林盛、陳火金、

**圖2.3.1 東方廣告社當時員工以及股東合照**　資料來源：東方廣告公司提供

圖2.3.2 東方廣告社商業登記證（1960）

圖2.3.3 東方廣告社乙種營業登記證（1960）

圖2.3.4 東方廣告社於台北市甘谷街九號

英呂垂音、謝式川、陳炳林、林汝宏等先進的支持贊助下成立的，1958年對外營業，但1959年1月6日方取得核發的執照。成立之初政府與社會都不認識「廣告代理商」這個行業，政府的產業分類亦無「廣告代理商」的稱謂，因此當時台北市稅捐稽徵處核發執照所寫的營業種類是「代辦業」，而台北市政府的商業登記證才寫「廣告業」。

早期台灣企業的創辦環境不佳，無論資金取得或市場條件都不理想，許多企業先以微型規模踏入市場，經市場試溫後才逐漸成長茁壯，東方也是。東方的誕生地在南京西路與迪化街交叉口，門牌號碼是甘谷街九號二樓，甘谷街是一條在迪化街與延平北路中間的小巷子，而當時主導台灣產業的大公司幾乎都集中在迪化街與延平北路上，其中不乏許多紡織大廠。而東方的開創地就是一家紡織公司的後陽台，面積只有五坪，而且沒有電話，要使用電話必須到前面的紡織公司借用，設立初期登記資本額為新台幣壹萬元。

成立兩年後，因甘谷街的工作場所地方狹小，出入不便，加上公司業務不斷成長，人員亦逐漸增加，遂於1960年12月遷址至台北市重慶南路一段七十九號二樓，也就是租用設計部職員何宣廣的家裡。在遷址至重慶南路後，社員增加至15名，業務也逐漸擴張了起來。當時東方向台北市警察局報備取得的營業許可證上，註明營業場所15坪，另有蓄水缸一口、太平砂10簍（每簍10台斤）、滅火機2具；會有這些奇怪的「生財器具」是因為1958年金門八二三砲戰，台海屢有海空會戰，時局不穩，擔心空襲帶來火災之故。

創辦初期，只有六名職員，這六名創社的員工，陳瑞星、謝天真負責業務，張敬雄、何宣廣負責設計，陳淑卿、林宏明管理財務。其中何宣廣當時還是師大藝術系畢業，在那個時代社會鮮少大學生，大學生願意投入廣告是極難得的事情。除了這六名正職員工外，尚有一名「兼職」且不支薪的員工——創辦人溫春雄的夫人林翠晶。林翠晶在帶孩子之餘也會在公司協助剪報、整理資料工作，必要時還要客串擔任平面稿的拍照模特兒，像櫻桃香皂廣告、山葉鋼琴廣告、味王醬油廣告的模特兒

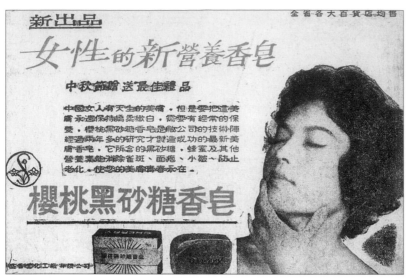

圖2.3.5 東方代理之櫻桃香皂廣告,廣告模特兒為溫春雄夫人林翠晶

就是溫夫人。

東方是第一家成立的綜合廣告代理商,因為只有一家不具產業規模,所以沒有周邊支援的行業。沒有照相打字,廣告標題要一字一字畫出來;辦活動為了省錢,要自己買材料再找木匠來釘、油漆工來畫。台灣的廣告業就是這樣一筆一釘的打造出來。

在業務方面,由於工商業並沒有綜合廣告代理的觀念,因此早期都是「靠關係、拉廣告」。東方的第一個客戶天鵝牌服裝公

圖2.3.6 東方代理之YAMAHA 山葉鋼琴廣告,廣告模特兒為溫春雄夫人林翠晶以及女兒溫玲良

圖2.3.7 東方代理之味王醬油廣告，廣告模特兒為溫春雄夫人林翠晶

司的老闆，就是溫春雄早年在迪化街開設老春成商行所認識的
朋友。溫春雄熱誠待人，朋友眾多，所以東方的業務也逐漸擴
展。

東方早期的客戶有金鳥蚊香、克勞酸、七海可利痛、保力達、
鈴木機車、克勞酸、安服朗、奇美壓克力、新光紡織、坤慶紡
織、中和紡織、金山奶粉、明治奶粉、台灣赤糖公會和流行牌
服飾等，有日商也有本地客戶，商品範圍則涵蓋藥品、服飾、
交通工具、日用品。而東方提供的服務除了報紙廣告設計與發
稿外，還有廣播電台廣告、海報與傳單設計等綜合性服務。東
方的出現終於使廣告行業不再被視為「畫看板」的。

創立第一年營業額50萬,主要業務是和報社的廣告業務員配合,提供廣告設計及製作服務,並協助其向廣告主拉廣告,這在當時是較新的概念與做法,事實上這也是廣告綜合服務的前身。在電視還沒出現之前,當時一般人對廣告的概念仍停留在做看板、畫招牌刷油漆的印象中,所以東方早期的營業項目偏重在印刷媒體,包括產品內外包裝、標貼、傳單、報紙、書刊雜誌的廣告設計與執行。

做為廣告代理商業的拓荒者,東方領先做了許多創新。1961年東方廣告首先加入亞洲廣告會議(Ad Asia)成為會員,同年在黃奇鏘的籌劃下為司令牙膏做市場調查,這是我國第一件向客戶收費的市場調查。黃氏在東方任職多年,與溫春雄夫婦私交甚篤,黃奇鏘的女兒小時候還依台灣習俗吃溫家的「水米」,兩家交情可見一斑。黃氏後自行創業,曾任BBDO黃禾董事長、台北市廣告代理商業同業公會理事長,是東方開枝散葉的成果之一。

除黃奇鏘外,身為開風氣之先的東方廣告,吸引到當時台大、師大畢業的優秀人才,台大有胡榮灃、黃宗鎧、林崑雄、莊仲仁、林登智、陳定南,師大有張敬雄、林一峰、簡錫圭、何宣廣、張國雄、侯平治、賴宏基、趙國忠。這些優秀人才在當時也有機會到政府機構、銀行或少數外商公司工作,但他們選擇到東方廣告來歷練,有的短暫停留後轉往其他領域發展,如曾任宜蘭縣長、法務部長的陳定南;有人在東方服務一輩子,如副董事長退休的黃宗鎧;也有人在東方學得功夫後,在廣告業幫東方開枝散葉、揚名立萬,如曾任台灣電通董事長、台北市廣告商業同業公會理事長的胡榮灃,以及創辦清華廣告的簡錫圭。

1961年東方加入亞洲廣告協會(AFAA),成為會員;1962年溫春雄代表東方參加在菲律賓馬尼拉舉行的第三屆亞洲廣告會議。1963年8月公司名稱由「東方廣告社」改組為「東方廣告股份有限公司」,資本額增加為新台幣150萬元,遷址台北市博愛路三十五號三樓。而為配合1962年台灣電視公司開播,1963年11月起東方每月出版《新聞電視廣告量廣告費統

圖2.3.8 溫春雄參加第三屆亞洲廣告會議（1962）

計表》供客戶及媒體參考，服務業界。1964年東方邁入國際
化的第一步，與日本STANDARD廣告公司進行業務合作。
1965年5月《台灣新生報》舉辦首屆最佳報紙廣告設計獎，
東方囊括主要獎項。

我國廣告獎項的設置，始於1965年《台灣新生報》創設的
「報紙廣告最佳設計獎」，據《台灣新生報》表示該獎項係為
「促進台灣廣告事業之發展，並歡迎第五屆亞洲廣告會議在台
北召開」而設立，1965年4月1日至10日收件，凡1964年12
月至1965年3月在《台灣新生報》刊登之商業廣告均可報
名。評審委員有八位，含藍蔭鼎（畫家、曾任華視董事長）、
郎靜山（攝影家）、龔弘（時任中央電影公司總經理）、王德馨
（時任法商學院廣告學教授）、徐一祥（時任生生皮鞋公司總經
理）、謝然之（時任《新生報》董事長、國民黨中央黨部第四
組主任）、田村晃（日籍，時任日本電通駐台代表）、賀華德

圖2.3.9 東方作品：第一屆《新生報》報紙廣告最佳設計獎三大優勝獎之第一獎（1965）

圖2.3.11 東方作品：第一屆《新生報》報紙廣告最佳設計獎三大優勝獎之第三獎（1965）

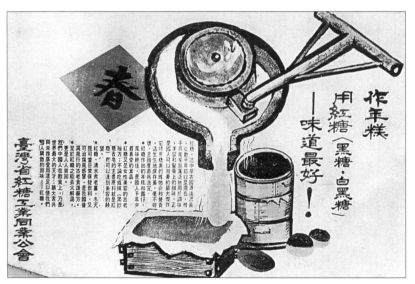

圖2.3.10 東方作品：第一屆《新生報》報紙廣告最佳設計獎三大優勝獎之特別獎（1965）

圖2.3.12 東方作品：第一屆《新生報》報紙廣告最佳設計獎之佳作獎（1965）

（Wilfred F. Howard, 美籍，時任國際開發總署駐台美援公署顧問）。

此次得獎公司中，東方是最大贏家，三大優勝獎東方分獲一、三名，五個佳作獎東方亦得其一，而台北市廣告商業同業公會增設之特別獎也由東方獲得。

草創時期的東方廣告，處理過幾個響噹噹的廣告，如坤慶開司米龍與特頭龍，不僅廣告成功打開創新布料的市場，也引領台

圖2.3.13 第一屆《新生報》報紙廣告最佳設
計獎座（1965）

圖2.3.14 溫春雄接受經濟部長李國鼎頒《新生報》報紙廣告最佳設計獎三大優勝獎之
第一獎（1965）

灣社會開始講究衣料的品質與舒適感。

外匯存底增加，民間經濟日漸繁榮，國民對於日常生活用品的
品質逐漸要求，坤慶紡織於1960年開發出「開司米龍」，取材
自山羊絨原料，再經加工紡紗織成毛衣或製成棉被，為台灣最
早開發成功的人造毛紗，其合成纖維標榜比羊毛更輕鬆柔軟、
堅韌耐用、易洗易染等特性，當年推出經由廣告的強力行銷，
頓時壓倒其他人造纖維，成為市場的新寵兒。

坤慶紡織很早便懂得運用廣告促銷產品，走在時代尖端、獨領
風騷，從1961年開始與東方廣告持續合作，陸續在《聯合
報》、《中央日報》、《自立晚報》等版面上大幅刊登「開司米
龍」棉被、毛衣廣告，雖然早期廣告受限於技術，多以搭配插
畫等方式呈現，但儉樸乾淨的圖案與版面設計，適切地展現
「開司米龍紗」舒服柔軟的特性，其中更穿插簡短的日文
Logo，凸顯特殊質感及強調品牌的正統性，也顯示當時社會
上對於與日本合作的產品的「崇拜」。

1961年的《聯合報》「開司米龍」棉被廣告上寫道，「比羊毛
輕、比羊毛暖、柔軟舒適、不粘塵埃、不需重彈、售價低
廉」，《中央日報》的「開司米龍」毛衣廣告也強調「比羊毛
暖、比羊毛輕、永不縮水、不起毛球、顏色鮮豔、永不退

圖2.3.15 東方作品：「開司米龍」毛衣廣告（1961）

圖2.3.16 東方作品：「開司米龍」棉被廣告
（1961）

色」，另一則廣告強調「觀光旅社 大旅社必備」，也有說「婚嫁送禮，無上佳品」，凸顯「開司米龍」棉被、毛衣作為禮品的大方高雅，顯示當時台灣開始追求較高品質的商品，貼身衣物上也開始朝向精緻講究。

坤慶紡織也推出「特頭龍」衣料，「特頭龍」（tetoron）為合成纖維布料，在當時是創新、時髦的商品，因此廣告上寫道「驚異的衣料出現！」，插畫上一位婦女對著拿布料穿著稱頭的男子露出欽羨的眼神，「開司米龍」、「特頭龍」與系列產品的出現，提升國人對於衣料與棉被質感的要求，而台灣自己研發與自創的品牌，雖仍強調「日本合作」，但也帶領台灣紡織工業向前邁進了一大步，台灣紡織工業後來揚名世界都是業界點點滴滴的努力匯集而成的。

圖2.3.17 東方作品：「特頭龍」衣料廣告（1960）

表2.3.1：《新生報》報紙廣告最佳設計獎（1965）得獎名單

| 三大優勝獎得主 | | | |
| --- | --- | --- | --- |
| 廣告名稱 | 廣告主 | 承辦廣告公司 | 廣告設計人 |
| 哥倫比亞手提電視機 | 歌林公司 | 東方廣告公司 | 東方廣告公司 製作部 |
| 國際牌人工頭腦電視機 | 台灣松下電器公司 | 國華廣告公司 | 國華廣告公司 張敏雄 |
| 三洋電話製品百萬元大贈送 | 台灣三洋電器公司 | 東方廣告公司 | 東方廣告公司 製作部 |

| 二大特別獎得主 | | | |
| --- | --- | --- | --- |
| 廣告名稱 | 廣告主 | 承辦廣告公司 | 廣告設計人 |
| 保力達魚鬆贈送健康 | 保力達公司 | 巨人廣告公司 | 巨人廣告公司 美術設計製作部 |
| 慶祝國賓大飯店開幕 | 國賓大飯店 | 中華傳播公司 | 中華傳播公司 劉煥猷 |

| 台北市廣告商業同業公會增設之特別獎得主 | | | |
| --- | --- | --- | --- |
| 廣告名稱 | 廣告主 | 承辦廣告公司 | 廣告設計人 |
| 用紅糖做年糕味道最好 | 台灣省紅糖工業同業公會 | 東方廣告公司 | 東方廣告公司 製作部 |

| 五個佳作獎得主 | | | |
| --- | --- | --- | --- |
| 廣告名稱 | 廣告主 | 承辦廣告公司 | 廣告設計人 |
| 奏不完的青春曲（齡保） | 瑞輝台灣大藥廠 | 國際工商傳播公司 | 國際工商傳播公司 彭漫 |
| 表維酵素新整腸劑 | 信東化學工業公司 | 東方廣告公司 | 東方廣告公司 製作部 |
| 速定新止痛藥 | 中國化學製藥公司 | 大用企業公司 | 大用企業公司 美工部 |
| 精工社自動手錶 | 和建貿易公司 | 國華廣告公司 | 國華廣告公司 江義雄 |
| 瓶蓋附獎大贈送 | 進馨汽水公司[15] | 中華傳播公司 | 中華傳播公司 潘政輝 |

資料來源：《新生報》1965年5月10日，第5版。

---

[15] 進馨汽水公司即黑松飲料公司。

## 第四節 披荊斬棘的東方人

和東方一起走過草創期
# 陳淑卿

出生年次：1943年
學歷：台北商職
進入東方年次與年齡：1958年，15歲
在東方工作年數：9年
進入東方之前的工作：無
離開東方之後的工作：無

甫從商職畢業後即選擇就業，從報紙中看到剛成立的東方廣告社正在招募新血，當時對廣告公司的業務性質尚不甚了解的陳淑卿，帶著滿心的好奇進入了東方。陳淑卿提到當時在報紙看到廣告社的徵人啟事，誤以為廣告社是油漆招牌看板的「廣告室」，在緊張與好奇的心情下，由親友的陪同前往應徵，1958年順利進入東方，任職於會計部門。

陳淑卿近照

陳淑卿進入東方是在成立的初期，當時辦公室在台北市的甘谷街，位於一家紡織公司樓上的後陽台，環境簡陋，僅有五坪大小的辦公室，員工人數也少，陳淑卿回憶「那時公司連電話也沒有，還要到樓上的紡織公司借電話，在許多地方也有賴溫春雄先生早期結識的紡織業同行大力支持。」後來隨著公司業務不斷擴大，員工人數增加，東方廣告在1960年遷移到重慶南路的辦公室，1963年改組為「東方廣告股份有限公司」，同年8月遷址至台北市博愛路，這時的東方廣告已經擁有三十名以上的員工，並且陸續增加中。

提到當時的工作情形，在台灣還沒有電視的年代，平面廣告設計是主要的業務大宗，其中又以藥品廣告、電器廣告和生活用品廣告為主。雖然在當時東方只是個規模還小的廣告公司，日子非常辛苦，但是員工之間的相處非常和睦，溫春雄常常會舉辦郊遊和聚餐活動，以增進員工交流，促進員工感情，陳淑卿即在此時結識日後的丈夫，也是當時的同事侯平治，在婚禮上溫春雄以介紹人的身分出席並給予這對新人誠摯的祝福。

提到東方廣告的創辦人溫春雄，陳淑卿說印象中的溫先生給人

圖2.4.1 東方作品:「真珠荷爾蒙」藥品廣告（1961）

的感覺像個學者，而不像生意人，總是積極吸收當時最新的資訊，十分用功。當時溫春雄買了許多日文書籍放在公司，加上每天早上晨間會議時和員工分享閱讀心得，營造了東方愛讀書的風氣。陳淑卿回憶當時溫春雄和其他員工常用日語溝通，初入東方廣告的她感到非常驚訝，感覺好像進入外國公司工作，後來溫春雄還在公司辦起了日文講座，每個早上從五十音開始教員工日語。

陳淑卿也提到溫先生特別偏好雇用反應快、聰慧之士，因此初成立的東方廣告就擁有許多優秀的員工如胡榮灃、何宣廣、黃奇鏘、簡錫圭等人，如今這些人在各領域都有相當傑出的表現。此外，溫春雄對員工相當信任，公司的大小印章、文件都放心的交給任職會計部的她保管。

溫春雄是個相當認真而努力的人，總是最早到公司，東方成立之初，溫春雄尚在日商伊藤忠商社服務，因此他每天利用上班前的時間到公司閱讀書報、和員工開會，下班之後再回到東方繼續工作，一直到很晚才離開。陳淑卿的印象中，溫春雄最常說的一句話就是:「沒錢、沒力、沒學問是做不了事的。」意指人要有實力也要量力而為，要努力充實自己，沒有兩把刷子在社會上是無法立足的，從這裡也可以看出溫春雄是一個對自我要求相當高的人。

1967年陳淑卿離開東方，協助丈夫室內設計工作，在東方早期的經驗，對於日後自行創業的他們更能體念公司成立之初的辛苦，也更加兢兢業業面對自己的事業；在東方學習到廣告行銷新穎的知識，也讓陳淑卿在協助丈夫室內設計工作上更有助益。在東方工作的這段日子，陳淑卿回憶道，對她而言，是一個人生不可抹煞的美好回憶。（撰稿：吳婷穎）

用青春見證了台灣廣告的發展

# 胡榮灃

出生年次：1931年

學歷：台灣大學中文系

進入東方年次與年齡：1959年，28歲

在東方工作年數：6年

進入東方之前的工作：無

離開東方之後的工作：曾任台北市廣告代理同業公會理事長、現任台灣電通廣告公司董事長

東方自1959年成立以來，培育了許多廣告界重要人才，是台灣廣告人的搖籃。台灣電通廣告董事長胡榮灃，在廣告界服務近五十年，是東方初創時元老級的員工，在廣告界的資歷幾乎和東方廣告的年齡一樣大。這位廣告界的長青樹用青春見證了台灣廣告的歷史與東方的發展，對台灣廣告的貢獻功不可沒。

胡榮灃（1959）

胡榮灃畢業於台大中文系，大學時擔任台大橄欖球隊隊長，1959年退伍後透過球隊友人的介紹進入東方廣告社，二十八歲投入廣告業的他，對於廣告一無所知。當時東方的員工只有三個人，胡榮灃負責業務，堪稱是台灣第一個AE。當時的台灣尚未引進「AE」的概念，也沒有人知道什麼是AE，還是胡榮灃後來看書時，才知道原來自己做的工作就叫「AE」。在資源貧瘠的環境下，胡榮灃從工作中一點一滴累積業務經驗，並不斷自修市場、行銷、美術等學問，靠著自身努力培養專業能力，而AE當沒多久，他便成了業務經理，晉升管理階級，「沒辦法，公司才三個人而已嘛！」胡榮灃笑著說。

東方成立之時，恰好碰上日本電通社長吉田秀雄倡導舉辦的亞洲廣告會議（Ad Asia），會議後吉田秀雄訪問台灣，這才引起台灣社會對「廣告業」的注意。雖然在東方之前，也有一些與報業廣告有關的工作，卻沒有人真正以企業方式經營廣告，頂多是畫畫招牌、做做戶外廣告。而吉田秀雄那次的訪台讓國人瞭解，原來廣告和廣告公司是這麼一回事，這才開始有人著手廣告業的經營與發展。陸陸續續地，由徐達光、陳福旺、黃遠球等人所創立的「台灣廣告公司」、由許炳棠、呂耀誠、王超光創立的「國華廣告公司」，以及其他大大小小的廣告公司

如雨後春筍般相繼成立，台灣的廣告業就此蓬勃發展。

當年最大的廣告主，像武田製藥及保力達等製藥公司，一直都是台灣廣告的最大客戶。其他較小宗的客戶，像是鈴木機車、偉士牌機車、本田機車、新光紡織、日本帝人公司、金鳥蚊香、飲料製品，甚或歐美藥品都曾做過廣告，但都是有一陣沒一陣的，並不是很有計畫或很有規模地持續在做廣告。由於廣告公司少，客戶也不多，都是客戶直接找適合自己的廣告公司接洽，生態和如今大不相同。而過去的作業方式與今日也很不同。那時沒有電腦，完全仰賴手工畫作，每個步驟都是用紙親手上顏色，早期連照相打字的技術也沒有，全部都得手寫。

當時東方在同業間的表現相當卓越，當年廣告還只是個新生產業，缺乏正規的教育體系作為人才培育的基礎，更不像現今大學設有廣告系。因此胡榮灃在東方擔任副社長時，凡是設計人員便找師大美術系，營業部門的AE大多也找台大畢業的，皆是一時之選。胡榮灃說，早期的公司人數少，大家年紀也相仿，平均年齡二十多歲，相處起來像同學兄弟一樣，每天都熱熱鬧鬧的，遇到了什麼困難大家就一起研究解決。那時候拍廣告為了省錢，往往也得親自入鏡當模特兒，當時沒有所謂的模特兒，更沒有職業模特兒，若鏡頭需要出現一隻手，胡榮灃就拿自己的手入鏡，也曾經把廣告主的兒子拉進去拍廣告。台視成立後，東方替南僑拍了一支水晶肥皂廣告，用水晶肥皂排了一個「卄」的形狀再把它推倒，影片倒轉之後，就看到肥皂瞬間排成了一個「卄」的形狀，顯示了早期廣告人的創意巧思。

對於公司的管理，胡榮灃說一開始公司只有三個人，稱不上什麼管理，與其要說管理不如說該怎麼把業務做好比較要緊。最早剛起步時，東方沒什麼生意，營運狀況不是很穩定，也沒什麼人知道這間公司，因此得拚命尋找業務以拓展生意，像是為了做一個模型，胡榮灃還從台北跑到宜蘭的客戶工廠，爬上五十公尺的天壇去照相。

因為自己不是學商的，不管是廣告或是行銷什麼都不懂，胡榮灃總是一邊工作一邊拚命看書學習，唸經濟學、也唸國富論，剛進東方那一兩年間所唸的書比大學四年唸的都還多。跑業務的

人，還得深入研究商品，要做電視就得先搞清楚電視是怎麼一回事、構造是什麼；要做紡織品必須先把所有的纖維搞懂，不論是天然纖維、人造纖維、羊毛、麻、棉、尼龍等學名都得記起來；尤其做藥品廣告，藥的種類或是服用方式有哪些，都要如數家珍。總之，關於產品的資訊都得瞭若指掌。不只要懂商品，市場也必須瞭解，那時的廣告主對於什麼是「marketing」都不瞭解，所以胡榮灃唸了很多市場行銷的書。當時日本的廣告業已經發展得很好，因此除了英文，他也讀了許多日文書。

胡榮灃印象中的溫春雄是一個非常傑出的人，十分投入工作，與員工的互動也很好。當時除了經營東方，他在外頭同時也身兼數職，但每天早中晚總會到公司關心員工的工作情況，和大夥說說話、替大家加油打氣。有時候溫夫人林翠晶女士也會到公司關心大家，和大家聊聊天，大家都尊稱她為「Madam」。

在當時以平面媒體為主的環境裡，廣告沒什麼能夠學習參考的資源，台灣人也買不到日本報紙，但透過溫春雄在日本商社工作的關係，把日本報紙帶進東方，大家就可以剪貼日本報紙上的廣告當成學習的參考資料，日本的報紙在資源貧乏的環境中儼然成了珍寶。Madam雖然貴為老闆娘，但和大家年齡相仿，很快就和員工打成一片，日子久了也開始幫忙剪起報紙，最後竟做出興趣來，一直到胡榮灃離開東方，她還是以那樣「非正式員工」的狀態持續在公司幫忙。

幾年後胡榮灃離開東方廣告，便到《公論報》擔任負責廣告的副總經理，在東方那幾年的工作經驗，對胡榮灃是個很重要的啟蒙期。原本的他對廣告一竅不通，是進到東方以後才知道廣告是什麼。他自比為廣告技術者，一點一滴累積工作經驗，那段時間看了大量的書，而帶給他最大啟蒙的也正是那時候看的書。他認為在廣告業想成功，不二法門便是「打拚、讀書」，因為做廣告是非常辛苦的一件事，所要懂的範圍太廣了，懂得越多才有辦法解決事情。

東方廣告邁入第五十年，胡榮灃在廣告界的耕耘也即將邁入第五十個年頭，他用青春見證了台灣廣告的發展。（撰稿：蘇品菁）

「手工業時代」的設計功臣

# 何宣廣

出生年次：1939年

學歷：國立師範大學藝術系畢業，日本國立東京教育大學藝術學構成專攻科畢業

進入東方年次與年齡：1959年，20歲

在東方工作年數：4年

進入東方之前的工作：無

離開東方之後的工作：中華傳播公司、天帝公司、展望廣告、德億投資公司

何宣廣近照

從小熱衷塗繪，勤於手做，不喜歡制式課業的何宣廣，在高中畢業後一心想在大學修習美術，但當時只有師範大學有美術科系，招收名額也相當的少，擔心在激烈的競爭之下失利，考量現實環境後，決定在考完聯考後的暑假先找工作。此時剛成立的東方正招募設計新血，何宣廣因而進入了位於甘谷街正值草創時期的「東方廣告社」，同年也順利考進國立師範大學藝術系就讀。

憶及剛成立的東方廣告社，何宣廣說當時的辦公室位在台北市甘谷街，在一家紡織公司的二樓後棟，環境十分簡陋窄小，是只有五名職員的小辦公室。公司規模雖小，但員工感情融洽，後來隨著公司業務不斷擴大，員工人數增加，東方廣告在1960年遷移到重慶南路。

東方廣告成立於五〇年代的台灣，那時並沒有所謂的「廣告產業」，廣告、市場、行銷都是非常陌生的名詞，除了東方廣告社之外，台灣並沒有其他綜合性的廣告公司，一般人對廣告公司的認識，還是停留在製作廣告看板與畫廣告招牌的「廣告社」。那時候的台灣還沒有電視，廣告社的工作以書報雜誌的平面廣告為主，那是一個連照相打字都沒有的年代，平面廣告上的圖片、文字以及版面的配置完完全全依靠人工一筆一劃完成；在業務方面，當時的報社擁有自己的業務員，業務員做為廣告主與廣告公司之間的聯繫，他們控制了大部分的廣告版面，廣告主想刊登廣告就要透過他們，廣告公司必須和報社業務員合作才能有案子接。

談起東方的創辦人溫春雄，何宣廣回憶說，印象中的董事長個子不高，但是身材很壯，工作態度相當投入、專注；和員工之

間的互動良好，但不失原則；十分努力吸收新知，注重持續的
學習，也非常鼓勵員工進修，充實自我。何宣廣提到那時每天
早上溫春雄會召集所有員工在他的大辦公桌前圍成一圈聽他講
話，內容多是和員工分享對最近閱讀書籍的心得感想，也鼓勵
他們互相討論。溫氏大量的閱讀廣告及市場行銷方面的書籍，
並藉由每天早上的晨間會議，將市場、廣告等當時相當陌生的
新觀念傳達給他的員工，讓工作團隊持續吸收新資訊。因此，
「在台灣還沒有行銷觀念之時便編譯出版了《商品銷售法》一
書，帶進日本、美國最新的資訊，推廣到台灣工商社會，從這
一點足以看出溫春雄先生是思想前進，富有前瞻性的。」何宣
廣說。

大學畢業後，何宣廣赴日於東京教育大學（現改名為筑波大學）
繼續深造，並離開廣告界。學成回台後出任中華傳播公司業務
及企劃部經理。四年後自行創立「展望廣告」以及之後的「天
帝紡織」，目前已結束成衣事業，專心投入繪畫和高爾夫球兩
項興趣。何宣廣說在東方時期大量接受新觀念，對日後事業建
立了良好的基礎，而在東方的同事也成為一生的良友。

何宣廣於繪畫方面的成就也十分亮眼，1964年加入今日畫
會，曾舉辦多次個展、聯展。2003年何宣廣與同屬今日畫會
成員、也是東方同事的簡錫圭、趙國宗於台北「福華沙龍」舉
辦聯展，2004年更至紐約一銀畫廊舉辦聯展，為理想也為興
趣延伸了更大的寬度及視野。（撰稿：吳婷穎）

圖2.4.2　東方作品：「梅林大酒家」廣告（1961）

圖2.4.3　東方作品：金山海水浴場廣告（1962）

東方第一快刀手
# 簡錫圭

出生年次：1936年

學歷：國立台灣師範大學藝術系

進入東方年次與年齡：1960年7月1日，26歲

在東方工作年數：7年又7個月

進入東方之前的工作：1958年在私立育達商職教書

離開東方之後的工作：國華廣告、清華廣告、劍橋廣告、傑盟廣告

現任台灣藝術家法國沙龍學會諮詢委員、今日畫會會長

簡錫圭近照

簡錫圭是台灣最早從事廣告設計的專業廣告先進之一，在廣告界服務的資歷有將近三十多年，為早期台灣廣告設計奠定許多基礎，也在廣告界留下無數經典作品，並為當時仍一枝獨秀的東方廣告社獲得許多獎項殊榮，對台灣當時仍在萌芽階段的廣告事業注入一股活力。

1958年，簡錫圭甫從國立台灣師範大學藝術系畢業，當時的他第一份工作是在育達商職教書，談起當初會進入東方，是因為同校實習的學弟林一峰將他引薦給東方廣告社的溫社長及胡榮灃副社長，不過當時他對於進入廣告界並無太大興趣，但副社長胡榮灃為了挖掘難得的設計人才，秉持著三顧茅廬的堅定精神，在打探簡錫圭的嗜好後，第三次會面就帶著一斤花生米、兩大壺當歸酒、以及三包新樂園香菸拜訪簡錫圭。這次簡錫圭請胡榮灃上樓，房間內掛滿他所畫的十八幅畫作，酒過三巡後胡榮灃便對簡錫圭的畫作一一展開評論，評論中讓簡錫圭有欣逢難得的知音及伯樂之慨，酒酣與相知相惜，簡錫圭在感動之餘，最後便答應胡榮灃二個月後會到東方廣告社報到，於是開啟了簡錫圭將近三十二年的廣告生涯。

六〇年代以前，台灣的廣告業仍在摸索階段，只有一些媒體方面的業務人員，包括報社或是廣播電台，大部分的人都沒有市場行銷觀念，台灣當時的媒體根本不承認廣告公司的存在，而廣告稿也僅由一般的招牌美術社或是印刷廠美工來製作，廣告業幾乎還在混沌時期，而「東方廣告社」就是台灣最早成立的綜合廣告代理商。

1960年簡錫圭加入東方初期，一開始是擔任設計員，當時民

眾廣泛對於廣告缺乏瞭解，一般人對廣告的認知仍停留在廣告招牌製作與設計上，而當東方人員每天穿西裝打領帶努力將行銷觀念提供給客戶時，便常常有人會問說：「你們不是畫看板的嘛！不怕把西裝弄髒嗎？」由於簡錫圭優秀的表現，半年後升任設計部主管，此時期正是東方發展最為快速的階段，不但公司業務快速成長，工作團隊也不斷壯大。1961年東方已具相當規模，那時黃奇鏘任媒體部主任，黃宗鎧任業務部部長，李伯山擔任企劃部長，簡錫圭則以美術專長擔任製作部部長。

回憶當時的業務狀況，主要靠胡副社長以及溫社長熟悉的人脈關係所建立的，當時你跟人提及「marketing」根本沒有人知道，那時若要舉辦商品發表活動或是記者會，都必須用手工來做佈置，簡錫圭由於毛筆字端正好看，即使不用打草稿也可以一刀剪到底，且動作快速又精準，在深厚的美術底子加持下，無論是平面設計、插圖等作品深受客戶青睞，在東方享有「第一快刀手」之譽。

憶及當時的東方團隊，有許多美工設計人員都是師大藝術系畢業的，簡錫圭說，「藉著每年的師大藝術系畢業展，依我當年的成績以及號召力，都把師大學生中最優秀的成員延攬至東方。」包括有龍思良（師大的越南僑生）、林蒼筤、張國雄、侯平治及趙國宗等師大幫，在當時的廣告界堪稱陣容最為堅強。東方培育了不少現今傑出的專業設計人才，當時台灣並沒有專門的廣告科系，甫畢業的美工科系學生多帶著一股幹勁及熱忱進入廣告公司，在磨練幾年後，多半能在設計領域獨當一面，往後更在各行各業有傑出優秀的表現。

當時的東方團隊有兩大山頭，業務部大部分都是台大出身的，設計部則多半是師大的，那時候的東方人盡是菁英，也是廣告人才的一時之選。簡錫圭回憶道，他記得胡榮灃副社長曾經說過：「很感動溫春雄老董事長的先見之明，也就是台灣需要marketing這件事情。」簡錫圭也說，「溫老董事長的精神是很令人敬佩及值得學習的，溫董很樂意將自己所讀到的資訊與員工分享，其實這也是一種訓練過程，另外溫董事長也讓我們這群年輕人可以盡情發揮所長，在廣告無限的創意中自由馳

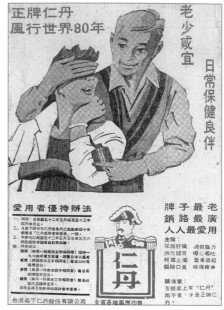

圖2.4.4 東方作品：新萬仁「仁丹」藥品廣告（1963）

騁。」

1963年，東方由於業務迅速發展，同年遷至博愛路三樓，當年的廣告客戶包括了鈴木機車、金鳥蚊香、環球水泥、國際通信、歌林、富士、信東製藥以及新萬仁製藥等。1965年，簡錫圭升任副總經理職位，此時東方廣告公司的人力規模已有三十至四十位員工。除了公司管理外，由於當時東方有不少客戶，因此必須透過應酬來拉近與客戶之間的距離，簡錫圭說：「有時候陪日本客戶一攤接一攤，不論應酬多晚，溫董事長每天固定八點的公司會議，我從不缺席。」

在東方的七年七個月，對簡錫圭來說是開啟他踏入廣告界的第一把鑰匙。在東方的歲月中，他更是設計部的重要靈魂人物。1965年國內首次的廣告作品比賽──《台灣新生報》所舉辦的「第一屆報紙廣告最佳設計獎」中，東方所製作的「哥倫比亞手提電視機」等作品在十一個獎項榮獲五項殊榮，是該次競賽的最大贏家；1966年東方承辦第五屆亞洲廣告會議的CI設計與會場佈置規劃，幕後的重要推手即是簡錫圭所率領的設計團隊，不但提升了早期廣告製作的水準，更創造了東方早期的榮耀與客戶的信賴及支持。

1992年，簡錫圭離開了相伴三十二年的廣告事業，毅然投入離開已久的繪畫領域，重拾畫筆，沉澱自我，也重新找回年輕的自己，在繪畫的天地裡作一位專職的畫家。（撰稿：廖文華）

圖2.4.5 東方作品：「風熱鎮」藥品廣告（1964）

走在創新的前端
# 吳鼎臣

出生年次：1937年1月10日

學歷：淡江英專英語科畢業

進入東方年次與年齡：1960年，23歲

在東方工作年數：3年

進入東方之前的工作：無

離開東方之後的工作：南僑公司

自淡江英專（淡江大學前身）英語科畢業後，吳鼎臣入伍服兵役，1960年一退伍就被舊識胡榮灃拉進東方工作。當時的他二十三歲，對於廣告一無所知，更談不上有興趣，在這樣的契機下，吳鼎臣進入廣告業，踏上一條當時鮮少人走的路，也就此改變他人生的一路風景。

吳鼎臣近照

吳鼎臣進入東方時，公司尚位於台北市甘谷街，職員約六、七人，只有營業單位、設計單位以及一位會計，營業單位裡就他和胡榮灃兩人，他形容胡先生是AE頭，當時的自己則是什麼都不懂。除了畫稿設計是設計單位負責外，廣告公司所要做的事AE都得管，從接洽客戶、瞭解產品、與客戶討論想法和廣告方向、一直到整理出企劃案，甚至連文案AE都通通一手包辦，設計單位做出產品樣品後，AE再拿樣品去和客戶討論。當時還沒有電視，能進行宣傳的媒體也不多，只有報紙、電台、電影院的幻燈片廣告、或是海報傳單與雜誌。廣告主若有媒體預算，也是AE負責購買媒體、負責報紙和電台方面的接洽。東方廣告在甘谷街的初創時期，營業單位的兩個AE人員什麼都做，衝鋒陷陣包辦了大小瑣事。

公司搬到重慶南路後，隨著業務不斷發展，招考了新的AE與設計人員，胡榮灃與吳鼎臣便著手訓練新進AE，帶領他們熟悉業務。胡榮灃升為副總經理後，營業單位的領導責任便落到吳鼎臣身上，一直到吳鼎臣離開東方到南僑公司工作為止。

回憶起當年的廣告產業，吳鼎臣說：「那是一個枯荒時期。」在溫春雄成立東方以前，台灣的「廣告」就是報社與電台的業務人員，提供時間與版面，直接向製造廠商拉廣告。「廣告」那個時候就已經存在，但是媒介種類卻很少，只有平面跟電

波，完全沒有像電視這種可同時兼顧視聽的媒介。但從吳鼎臣進入東方後，歷經短短三年，到他離開東方廣告前，已經教育客戶瞭解廣告的必要性。

這段期間台灣的廣告生態也改變不少，東方創立不久後，台灣廣告公司、國華廣告公司以及其他規模較小的廣告公司如雨後春筍般紛紛成立，並且投入了許多心力，加上電視誕生導致媒體量大增，台灣廣告蓬勃發展。因此工商界對廣告的瞭解便在這短時間內大量累積。那時東方的客戶大部分都是溫春雄的人脈，公司所在地的甘谷街是一條在迪化街與延平北路中間的小巷子，許多主導台灣產業的大公司幾乎都集中在迪化街與延平北路上，其中不乏許多紡織大廠。溫春雄當時在日本竹腰商社工作，跟很多迪化街做紡織的老闆很熟，因此紡織廠有些業務會交給東方處理，像是布匹標籤與衣服吊卡的設計等等。

當年的東方，是由一群很有衝勁的優秀年輕人所組成的團隊，平均年齡二十多歲，非常有活力，大部分是從師大美術、台大或是其他大學各科系畢業，可說都是一時之選。東方有一段時間被廣告界當作訓練營，作為廣告人的搖籃。這些年輕人進來之後，溫春雄的理想與抱負讓他們瞭解到這個行業的前途無限，因此大家都卯足了全力向前衝，替廣告業開創前景。吳鼎臣說當時團隊裡還有個靈魂人物，就是胡榮灃，因為溫先生待在東方的時間比較少，他不在的時間，所有的事情就交給老大哥胡榮灃帶隊衝鋒。而胡榮灃對於吳鼎臣還有著更深的啟蒙意義。由於吳鼎臣是讀文學的，剛入行時對行銷、廣告都還不懂，那時他與胡榮灃一起租房子，人生中的「marketing」第一課，便是與胡榮灃一起上下班時，胡榮灃在邊騎腳踏車或邊走路的途中口授傳給他的，胡榮灃不僅是他的好朋友，更是他各方面的老師。

工作以外的閒暇時間，公司同仁經常會聚在一起辦活動或是出外郊遊，最特別的是和同事們組橄欖球隊參賽。由於胡榮灃在台大唸書時是橄欖球隊隊長，其他幾位同仁也曾是台大橄欖球隊隊員，而吳鼎臣在宜蘭縣羅東中學唸書時也是橄欖球班代表。在橄欖球的圈子裡面，人際的關係非常緊密，畢業後出了

社會也經常相約打球，有的人到了五、六十歲還在打，當時東方也組了一支橄欖球隊，球隊名字就叫「東方廣告」，常參加七人制的比賽，也得過不錯的成績。

在東方有一種類似師父帶領徒弟的新人訓練制度，叫做「orientation course」，在相當一段時間裡，前輩除了要傳授專業知識外，還要帶著新人一起拜訪客戶，前輩跟客戶談生意，新人就在旁邊累積社會歷練。除了正規的訓練，胡榮灃認為跑業務的人必須要瞭解很多事情，所以也會帶著後輩們參觀很多地方，吳鼎臣笑著說，學習喝酒也是必修的科目之一。在當時像東方這樣清一色都是年輕人的公司少之又少，年輕人活力旺盛，許多人都還沒結婚，更是有時間參與公司活動，諸如爬山、郊遊、划船等等，跑遍了台北不少地方，也留下了許多回憶。由於大家都非常珍惜那段時間，這群同期的老同事，即使後來離開了公司，還自組「OB（old boy）會」，OB會成員一段時間總會相聚在一起，大家就像老朋友般，感情非常好，裡頭也包括那幾個橄欖球隊的成員。

在吳鼎臣的印象中，和創辦人溫春雄單獨接觸只有三次。他說溫春雄聲音宏亮，有著兩顆炯炯有神的大眼珠子，被他看著會有被震懾住的感覺。第一次單獨接觸是溫春雄帶他去拜訪新光集團創辦人吳火獅，那時候的吳先生已經是商場上很有名氣的大人物，卻感覺和溫春雄十分熟稔，很親切地與溫先生侃侃而談，提供了許多紡織、貿易方面的專業消息。這讓當時才進公司不久的吳鼎臣覺得：哇！哪一天自己才能跟溫先生一樣，與這樣的大人物有這般交情。

第二次則是吳鼎臣即將離開東方到南僑化工就任時，溫春雄對著南僑化工董事長陳飛龍說：「這個人就交給你了。」他同時也交代吳鼎臣，要好好表現東方人的精神。第三次是二十幾年前，兩人從日本回台在飛機上巧遇，溫先生說自己去「辦了一件很重要的事情」，原來是去簽約，與日本合作將著名的餐廳連鎖店Skylark「芳鄰餐廳」引進台灣，後來芳鄰餐廳在台灣也發展得很好，並打下二十二家連鎖餐廳的輝煌戰果。

吳鼎臣和南僑化工董事長陳飛龍是同學，東方廣告公司搬到重

圖2.4.6　東方作品：芳鄰餐廳Menu（1982）

慶南路後，隔壁就是南僑化工，吳鼎臣到南僑後便負責廣告業務。若不是好友熱情邀約，吳鼎臣大概會一直待在東方。但是因為在東方讓他體認到行銷的重要，而南僑又是當時台灣產業界中特別重視行銷的公司，這個機會對他來說，是更進一步學習行銷的機會。另一方面他也覺得，南僑是他在東方時負責的客戶，若他到了南僑，更可以把這個客戶綁得緊緊的，讓東方長久服務下去，如此雙方都可兼顧，於是1963年便離開東方到南僑服務。

回憶在東方的工作，吳鼎臣很謙虛地說，那個時候的自己還很稚嫩，待的時間也不是非常久，談不上什麼表現，印象深刻是

有一次做厚生橡膠的雨衣產品，因為經費不足缺少模特兒，他自己跳下去當模特兒拍照。此外，當時他負責接洽的產品，如日本公司的胃藥「克潰精キャベジン」和英國進口的喉片，到現在還是賣得非常好。吳鼎臣認為自己在東方待的時間實在是太短，沒有什麼特殊的貢獻，反倒是東方給他的更多，讓他體認到行銷的重要性。

行銷可以說是吳鼎臣一生所從事的工作，加入東方後他往後的人生有了一連串改變，後來離開了廣告界，仍與廣告界的朋友密切往來。談到這次東方人物專訪，吳鼎臣還說：「溫先生的事情、Madam（對溫林翠晶女士的尊稱）的事情、還有我們胡老大（指胡榮灃）交辦的事情，我沒有什麼好考慮的，就是一定要做的。」語句間充滿了對前輩的尊崇。

吳鼎臣特別提到美國詩人佛斯特（Robert Frost）寫的一首詩〈無人走過的路〉（The Road Not Taken），詩的最後一句說，主角在兩條路之中選了更少人走的那條路，因而造就了不一樣的風景。他特別喜歡這首詩，覺得和他的人生際遇很相似。進入東方廣告時，台灣的廣告界幾乎是零，當時也有銀行捧著金飯碗要他去工作，但他因為覺得廣告這工作很有意思，於是選擇繼續留在東方，做著沒什麼人從事的廣告業。一路走下來，他覺得自己實在是選了一條很少人走的路，當時如果不是走了廣告這條路，現在的人生一定是非常不一樣的。包括離開廣告界之後的創業、開創新產品、在南僑引進「品牌經理制度」時擔任台灣第一代產品經理，很多時候他都是擔任開路先鋒，走在創新的前端。

2007年1月甫退休，吳鼎臣選擇讓自己歸零重新開始，持續進行日文和法文的進修，「廣告日新月異，現在我們實在有太多東西要學了。」喜愛閱讀的他，喜歡坐在咖啡店一邊喝下午茶一邊看書吸取新知。他很高興現在有大學設立廣告系，表示這個產業與市場的重要性，已經到了需要從大學就訓練專業人才的程度。「我那時候還是在路上聽胡老師講解什麼是行銷、什麼是廣告。好羨慕現在的學生，也很高興台灣現在有專門研究廣告的科系與人才。」吳鼎臣欣慰地說。（撰稿：蘇品菁）

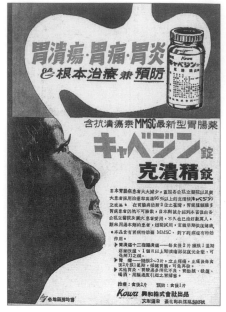

圖2.4.7 東方作品：「克潰精」藥品廣告（1961）

廣告市調的開路先鋒
# 黃奇鏘

出生年次：1936年

學歷：中興大學農經系

進入東方年次與年齡：1961年，25歲

在東方工作年數：26年

進入東方之前的工作：無

離開東方之後的工作：現任台北市廣告代理同業公會理事長、BBDO黃禾廣告公司董事長

黃奇鏘近照

東方廣告五十歲，而在東方服務二十六年的黃奇鏘，恰好見證了東方的半部發展歷史。

1961年3月10日，年方二十五歲，中興大學農經系畢業的黃奇鏘進入東方廣告服務，從此沒有離開這個產業，這麼多年來他還記得這個日子，因為這是他退伍後的第一份工作。在當時，少有人知道廣告是什麼，在他進入東方之前，也不太清楚「廣告」到底做些什麼，不過，他仍然記得，台灣廣告已在2月開張，國華廣告也在同年5月成立，廣告公司已逐漸在台灣萌芽。

進入東方服務，當時公司員工僅有十二人，黃奇鏘主要負責媒體、市調及總務工作，舉凡報社發稿、應付媒體、合約書都是他工作的範圍。東方廣告是台灣第一家廣告公司，在廣告發展過程中，一路走來做了許多開路先鋒的工作，其中多件創新的工作，黃奇鏘扮演了執行者及推動者的角色。

1961年5月，司令牙膏想了解消費者使用情況，找上東方做市場調查，進入東方服務不久的黃奇鏘，因為在學校時曾做過調查，受命執行此一任務。於是他針對客戶的需要設計了一份問卷，但是，接下來，受訪者要怎麼找呢？由於沒有調查名單，於是，他發動同事將問卷分送給全台的親朋好友、左右鄰居填寫問卷。回想起當年，「因為都是自己找的人，所以總計發出五百多份問卷，幾乎全都回收。」黃奇鏘說。

黃奇鏘說，司令牙膏對這份市調很滿意，因為其中有二名住屏東的受訪者，使用Lucky（紅運）牙膏，這恰好是司令牙膏的

圖2.4.8 老東方人——由左而右為陳定南、張國銘、黃奇鏘、黃宗鎧、陳政德、溫林翠晶女士以及溫春雄社長　資料來源：東方廣告公司提供

副品牌，且只在屏東銷售，當時台灣的主要牙膏品牌是黑人牙膏，而高露潔正準備進入台灣市場，因此，司令牙膏覺得調查非常正確。雖然這份市調僅收費5,000元，但它卻是我國第一個有費的市場調查案。

黃奇鏘負責媒體，因此和媒體簽約也是他的工作，1961年他替東方簽訂了《台灣新聞報》的廣告代理商合約，這也是總社位於高雄市的《台灣新聞報》和廣告公司所簽下的第一張廣告代理合約。

1963年東方發行《新聞電視廣告量廣告費統計表》月刊，主要是報紙廣告統計，提供客戶刊登廣告參考，黃奇鏘也參與執行統計工作。1963年又有一家美國調查公司INRA要進行亞洲七個地區民眾用品需求調查，便委託東方負責台北地區的市場調查。由於這份調查中包含電器用品的需求調查，當時正值

台灣電器發展起步期，這份調查對業者而言具有強烈的指標意義。「當時不知道這份調查指出了電器的發展，否則去投資電器產業，現在就賺大錢了。」黃奇鏘笑著打趣說：「當時歌林只是一家裝收音機的小廠，但趕上這波發展，成為一家大廠；但我們沒錢也沒眼光，對這方面又不懂，現在看來真是錯失良機，因為當時大家的機會是均等的。」

1970到1980年左右，百事可樂公司在台灣的大大小小調查，全都由東方負責，也就是由黃奇鏘負責執行。在這十年的時間中，舉凡產品口味、消費者的心理調查等，都是出自黃奇鏘之手。

在市場調查領域，東方經營得有聲有色，但隨著時間的推演，市場調查也與時俱進。針對國內需求，1988年黃奇鏘代表東方和太一廣告公司洽談，由該公司捐出日本人所寫的DICP程式，他再邀集台灣十家廣告公司共同出資，分析台灣的生活型態調查資料，這是台灣第一個由廣告公司合資，共同進行消費趨勢與消費者生活型態調查，也是E-ICP前身。此種方式營運一年左右，後來改成東方及太一合作，維持了二年後，再改由東方獨力承接。1993年，東方以ICP資料庫完成行銷資料年鑑；1999年，ICP正式更名為E-ICP，並與Seednet合作，建立E-ICP東方消費者行銷資料庫網站。2000年，東方和PCHome集團合作設立東方線上iSURVEY，網站提供大中華地區消費者研究、消費市場資訊分析服務，主要客戶則是廣告業者。

1962年台視開播，1969年中視開播，而華視在1971年接著開台。當台視、中視陸續開播後，為瞭解兩家電視台的收視率，便於客戶廣告購買，東方開始進行收視率調查，然而當時因為電話尚不普及，無法採用電訪，便由公司員工走進大街小巷，進行家戶「門縫」調查（key-hole survey），也就是由訪員走在街上，從家戶大門中看收視戶收看哪家電視台的節目。「當時訪員在進行調查時，常被住戶質問『要做什麼』，訪員還得拿出調查單，向住戶解釋一番。」說起這一段特別的調查方式，黃奇鏘印象格外深刻。

不久，東方發起九家廣告公司共同出資，委託由陳偉爾成立的

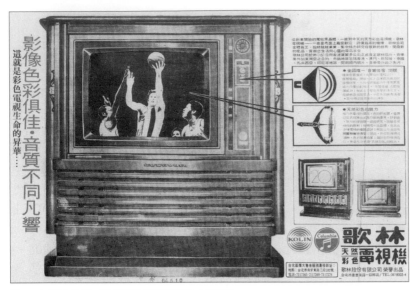

圖2.4.9 東方作品：歌林彩色電視機廣告（1975）

益利市場顧問公司負責執行電視收視率調查，省去各家廣告公司各自調查的人力及資源，而那時已多採用問卷及電話訪問調查。可惜當時調查公司經營不易，後來也只好結束。

由於黃奇鏘同時負責媒體部分的工作，因此，他的工作內容也加進了電視節目製作。東方廣告有關電視節目製作由他總負責，節目的內容走向，常是由他主導負責並和製作單位開會。當年，歌林唱片公司提供製作的「金曲獎」節目膾炙人口，獲得廣大好評，隨後和中廣合辦的歌林之星選拔，全台巡迴演出十七場晚會，更是當時的大事。而光陽機車提供，由光啟社所製作，在台視播出的「藍天白雲」節目，更是獲得金鐘獎的肯定。在這個領域中，黃奇鏘又為東方寫下了另一段精采故事。

1982年，省府農林廳委託東方製作的水果促銷報紙廣告，黃奇鏘負責企劃，他以當年演藝紅星及歷史人物的名字來代替水果名稱，製作出「楊貴妃的遺憾」（荔枝）、「包娜娜的誘惑」（香蕉）、「陳蘭麗的等待」（葡萄）、「鳳飛飛的心裡」（鳳梨）、「楊麗花的祕密」（楊桃）等系列廣告標題，這個經典之作，獲得了第五屆時報廣告獎年度最佳報紙廣告金像獎。

在同事的眼中，黃奇鏘做事細心、負責盡職，工作表現出色，1969年三十三歲的黃奇鏘升任副總經理，並兼媒體部主任，

他和接任總經理的黃宗鎧，兩人展開一段長達十九年的合作、且感情良好的關係。多數的時光，兩人的座位相鄰，工作的溝通討論無距離。他還記得，當年兩大電器公司客戶，黃宗鎧負責台灣松下公司，他則負責歌林公司，兩人分工合作，但也有意見衝突的時候，而黃宗鎧大多會讓他放手去做。「黃宗鎧是個君子，和他一起工作，可以放心的去做，無後顧之憂。」「我們兩人是一輩子的朋友。」黃奇鏘如是說。而他和胡榮灃、黃宗鎧，堪稱廣告界的東方三劍客。

1987年3月31日，在服務了二十六年之後，黃奇鏘正式告別東方廣告。幾經思考後，決定另行成立廣告公司，於是，黃禾廣告公司誕生了，成了東方開枝散葉的公司之一。2003年他當選台北市廣告公會理事長，2007年又獲得連任，讓他成為終身的廣告人，回首來時路，擁有廣告相伴的精彩人生歷程，黃奇鏘說：「這得感謝溫春雄先生，感謝他給了我一份工作，引領我走進廣告這條路，讓我有機會在東方學了這麼多的東西。」

回想起溫春雄董事長，黃奇鏘認為他是個很好的人。溫春雄在公司早會時對員工所說的話，對他有很大的啟發，而一句「凡事換立場講話」，更成為黃奇鏘數十年來隨時提醒自己的座右銘。這句話的意思就是凡事站在對方立場，替對方想一想，黃奇鏘說，這種知道分寸拿捏、該讓就讓的做人道理，讓他一生走來，不論在工作或事業上都非常受用。「不能一味站在自己的立場思考，退一步想，事情會比較圓滿。」這就是黃奇鏘對這句話的詮釋及實踐。

另一件讓黃奇鏘銘記在心的事情，是他進東方服務不久時，有次聚餐第一次喝洋酒，溫春雄說「劍有劍道，酒有酒道」，就是當有人向你敬酒時，若他的酒比你少，不能要求對方把酒加滿，因為必須要尊重別人；但是要敬別人酒時，自己杯中的酒一定要比對方多，否則便無誠意。這是黃奇鏘從溫春雄身上學到的酒品，也是他一生奉行的飲酒文化。

廣告生涯起點在東方廣告的黃奇鏘，在這條事業的路上，始終存有一顆回饋的心，有需要時互相協助，對他來說，就是回報溫春雄及東方的最好方式。（撰稿：蔡玉英）

堅持作帳無誤、完美的會計
# 蔡宜富

出生年次：1940年
學歷：台灣大學商學系
進入東方年次與年齡：1963年，23歲
在東方工作年數：10年
進入東方之前的工作：無
離開東方之後的工作：創辦「皇家實業公司」

一個機緣引導蔡宜富進入東方服務，並造就了他日後的事業。
當年，蔡宜富經由成功高中同學吳貞良的父親，也就是當時環
球水泥公司總經理吳尊賢推薦進入東方財務部工作，這是他踏
入社會的第一份工作。

蔡宜富近照

「當年做財務工作時，印象最深刻的事就是，每到月初時為趕
每月的財務報表，總是等到老闆下班離開公司後，再偷偷跑回
去加班，深怕老闆以為自己能力太差，工作沒做完。」蔡宜富
回憶起這一段日子，仍猶如昨日一般。他說，這種加班怕老闆
知道的事，現在恐怕已經見不到了，對照現代年輕上班族，給
錢還不見得願意加班，他有不小的感慨，「當時的人比較善
良、認真、負責吧！」

早期會計財務人員都是用算盤算帳，沒有計算機，用人工開立
傳票登入日記簿，轉入分類帳，再做出每個月的試算表進而編
製財務報表。在記帳計算加總時偶會有疏失或手誤，所以每當
編製試算表發生借貸不平衡時，哪怕是只差1元、10元或100
元都要找出，因為造成錯誤的原因很多，可能是借貸的一方科
目金額多記、少記或漏記，或如1,110元記成1,100元，或算
盤加總錯誤等等，都會造成借貸不平衡，有時為找出錯誤必須
花較多的時間。這也就是為什麼蔡宜富在月初時，為了要讓編
製出來的財務報表能夠正確無誤，才會在下班後又偷偷跑回去
加班的原因。

對於董事長溫春雄，蔡宜富既景仰又佩服。他說，溫董事長當
年也擔任日本竹腰株式會社台北支店長，這是日本三大集團之
一伊藤忠株式會社的台灣子公司，工作非常忙碌，溫春雄每天
都從家裡走路到公司，約上午七點半到八點就到公司，毅力驚

人，長年如一。他是最早到公司的人，先看完每名員工所寫的工作日誌，了解每個人的工作狀況，並掌握公司的業務，然後再看台灣及日本的報章雜誌，充實自己。

接著，員工九點上班後便開早會，董事長依工作日誌記載先詢問每個人的工作狀況，再指示工作要點。早會除了公司業務會報，也是員工的學習教室，溫春雄每天都對員工談一些企業經營、廣告行銷及做人處事的道理。蔡宜富說：「喜愛看書吸收新知的溫董事長，每天早會便將這些新知傳授員工，讓員工不必自己閱讀就能獲得最新的知識。」他非常佩服董事長每天都有那麼多的新知識可以傳授給員工，「我們這些年輕人實在很幸運，也很有福氣。」當然，這種精神也深深影響了蔡宜富。

「授權」也是讓蔡宜富印象深刻的一件事。早年家族企業缺乏授權的觀念，老闆事必躬親，但是溫春雄卻實現了分層負責的理念。蔡宜富說：「溫董事長常常提到，他的江山將來要找公司的某位高級主管接班。」這種永續經營及委託專業經理人的理念，就算在現代也不容易，而在當年他便有如此想法，更讓員工佩服。

由於溫春雄早年留學日本，主修貿易系，對數字相當敏感，「預算就是決算」、「經營就是靠數字」都是他常說的話，意即經營企業不能靠吹噓，編列的預算必須要能達成，以及用數字來代表經營績效等。蔡宜富認為這是一種很「踏實」的觀念，而不是光說不練，只會說些降低成本、增加收入的口號而已。這不僅反映了溫春雄做人做事腳踏實地的原則，對員工也具有深遠的影響。「因為這種腳踏實地、不油腔滑調的企業文化，所以東方廣告公司的客戶都可以維持很久。」蔡宜富說。

在東方工作，蔡宜富最愉快的回憶是同事間相處融洽，感情都很好，彼此不會勾心鬥角。他說，六〇年代，當時公司員工大約二、三十人，業務及設計部門同仁相處尤其融洽，例如設計部門同仁常常晚上加班趕設計稿，業務部同事也常陪著聊天，這對業務的推展有非常大的幫助。可能是經營廣告業務的關係，員工性格也較活潑，大家常找機會聚餐同樂，舉凡同事當兵、退伍、迎新、送舊都會聚餐小酌一番，因為大家都是年輕

人，賺的錢也不多，聚會的地點都是小餐廳、路邊攤，雖然吃的不是什麼大魚大肉，但是大家還是樂此不疲，回憶起來也是一段人生的快樂時光。

在當年的同事中，蔡宜富對前法務部長陳定南印象深刻，「他個性一絲不苟，不苟言笑，字體工整，很實在。」回憶這一段，再對照陳定南在政壇的表現，可以說是一路走來「始終如一」。回憶起當年在東方業務部服務的陳定南，蔡宜富說：「他個性耿直，和客戶日立公司的老闆個性類似，兩人『情投意合』而獲得賞識。」陳定南在公司人緣也很好，雖然後來回宜蘭從政，但多年來蔡宜富仍惦記著他。

對於董事長夫人溫林翠晶，蔡宜富認為她不僅是個賢內助，也是「賢外助」。他說，溫董事長夫人接受過日本高等教育，日文造詣極佳，每天幫忙溫董事長做日文剪報、資料整理，這就是溫春雄吸收新知的重要來源。但她不干涉公司人事升遷，只做好份內的工作。

在東方服務了大約十年，蔡宜富後來自行創業，開設商業會計補習班，他認為這實在也是一種機緣。當時，他白天在東方上班，下班後在補習班兼課教會計學，過得忙碌又充實。他回憶道，「當年公司有歌林、日立、三洋等三大電器產品客戶，為了保護客戶間的商業機密，特別租下公司對面延平南路三十六號二樓，闢為歌林的專戶室。」後來因為在公司樓上又加租了一個樓層，為便於業務連絡，便想把歌林專戶室退租。但房東不答應，一直要公司代為找到新房客才能退租，令蔡宜富左右為難，面對這種情況，年輕又「古意」的蔡宜富最後和朋友商量，租下房屋合開商業會計補習班，同時毅然決定辭職。雖然溫董事長曾加以慰留，且准他有空時可到補習班了解情況，但為了不影響公司業務運作及不破壞公司制度，他才沒有留下來。

開創補習班初期為了節省開支，蔡宜富親自講授會計學課程，因具有會計實務經驗，上課生動且學生較易了解，深獲學員好評，也奠定了基礎。但補習班在經營幾年後面臨同業強大挑戰，彼此競爭激烈，蔡宜富決定轉型為專攻高普特考的補習班，這也是全國第一個以高普特考為主的補習班。不過，同業

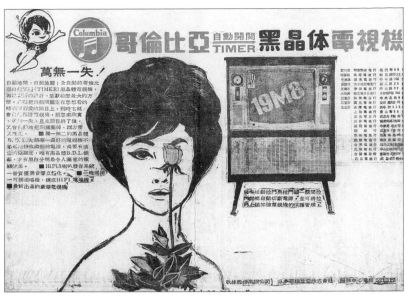

圖 2.4.10 東方作品：哥倫比亞黑晶體電視機廣告（1965）

見好也跟著轉型，一時間，主打高普特考的補習班紛紛成立，讓蔡宜富面臨創業以來另一個艱困的挑戰。

幾經思考，蔡宜富另創一家國中教學錄音帶公司，科目內容包括國、英、數、理化、社會各科，它的特色就是複製補習班名師的教學方式，亦即採取提示各科要點、要訣及解題重點等方式，讓學生很快就可掌握各科的學習要點。這種方式雖叫好，但實際上卻無預期的叫座，探究原因，原來教學錄音帶內容是各科國一至國三總複習，由於每套錄音帶數量太多，以致售價昂貴，所以賣得並不理想。蔡宜富在思考後，決定改做分科分學期錄音帶，因為每套錄音帶數量少，售價較低，再配合初次嘗試的「電話行銷術」，裝設了二十線電話，大膽採用電話行銷，加上業務員推銷，鎖定學生家長銷售，這種在當年絕無僅有的行銷方式，終於讓教學錄音帶的銷售有了轉機。

談起這一段，蔡宜富說：「在東方時因溫董事長採用分層負責的企業管理方式，使得每一個人遇到問題必須自己設法解決，先對自己負責，訓練出大家都有獨當一面的能力及堅忍的毅力，這些在創業時期全都派上用場。」對他來說，溫董事長不只是老闆而已，更是一位難得的好導師，東方更是造就他人生成就的寶地、福田。（撰稿：蔡玉英）

結合印刷與設計的專業設計家
# 陳敦化

出生年次：1940年1月19日

學歷：國立台灣藝專

進入東方年次與年齡：1965年，22歲

在東方工作年數：7年

進入東方之前的工作：中華彩色印刷公司

離開東方之後的工作：創辦「敦煌印刷設計中心」

陳敦化近照

畢業於第一屆國立台灣藝術專科學校（今國立台灣藝術大學）印刷美術科的陳敦化，從小對「畫畫」就有著極大的熱情及興趣，早期也曾經跟隨專業的電影海報手繪師傅學習，從藝專畢業後即進入中華彩色印刷公司，在這間甫成立的港資公司中，陳敦化將自己在國立藝專時期所學之專業排版印刷融會貫通、學以致用，並且將「設計」的概念帶入當時還很傳統的印刷產業，讓印刷漸漸與設計結合，「名片也是需要設計的！這在當時是很新的概念，」陳敦化表示。在中華彩色印刷工作的三年時光，奠定了陳敦化專業的美術設計能力，也因為工作的關係，認識當時東方設計部主任簡錫圭，兩人一見如故，也經常討論對美學、設計的看法及概念，簡錫圭於是引薦陳敦化進入東方，而這一待就是七年的光陰。

「東方廣告公司的工作是很有挑戰性的！」陳敦化記憶猶新。在中華彩色印刷的工作可以說是日復一日、一成不變的，工作上的壓力也比較小，然而，由於東方初創時的人員編制極為精簡，都是菁英中的菁英，且大部分畢業於國立台灣大學，例如大家熟悉的陳定南也是其中一員。也因為人員編制的精簡，設計部有許多工作常常需要獨立完成，而工作內容更是包羅萬象，「什麼都要設計，」陳敦化說，舉凡一般的產品海報、DM、包裝、甚至是報紙稿等，都是需要經過設計及美編的，「任何你想得到的東西都是需要設計的。」其中最令陳敦化難忘的則是「報紙廣編稿的編輯」，陳敦化表示，業務經常在上午十點帶回廣告主的產品資訊，而他則必須在兩小時內完成報紙的廣編稿，中午馬上由業務提報給客戶選稿，下午就得送上報館，所以工作是相當緊湊的！但是陳敦化卻不以為苦，因為他相當熱愛自己的工作，更因為這一份工作的熱忱，在進入公

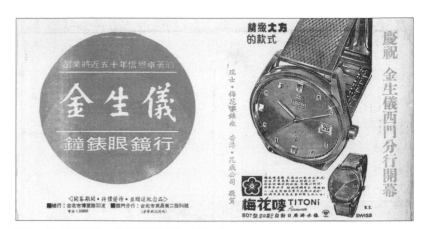

圖2.4.11 東方作品：金生儀鐘錶廣告（1966）

司幾年後，便被擢升為設計部主任。

「每次我們老同事聚會，大家都會提到溫先生最愛掛在嘴邊的marketing，」陳敦化說大家最難以忘懷的，就是東方廣告優良的傳統──「朝會」，這是由溫春雄提出的制度，每天早上他會跟大家分享關於「marketing」的觀念，並且樂此不疲，「雖然大家每天聽，最後都有一點麻痺了！但是不可否認的是，在早期台灣，已經有行銷概念的人少之又少，溫先生知識的廣博真的是相當令人佩服的！」由於員工間良好的互動、回應，後來朝會的型態也越來越具互動性，有時董事長會向大家推薦好書，有時也會由各部門的部長上台報告或分享一些重要的資訊及概念，朝會制度不只讓員工間互相激盪、鼓舞、學習，也讓大家的感情越來越好，「東方廣告公司就像是另一個大家庭，」陳敦化說就算離職多年，當年公司的老同事一聚在一起馬上就像多年不見的家人，可以無所不談，他認為這都是當年培養的「革命」情感。

另外，由於溫春雄自幼所受的是日式的教育，因此有很多日式的行事風格及觀念，像是當時在東方的女性員工通常擔任較基礎的職務，並且需要在進公司後為男同事倒茶水、打掃環境，以現在的環境或許有些難以想像，然而當年也正因為這樣的互動關係，促成多對佳偶的聯姻，因此陳敦化也將此視為一樁美談！

由於設計的專業遠近馳名，在東方任職期間，銘傳商專（今銘

傳大學）特別拜訪陳敦化，希望他能在工作之餘，每週撥冗一天至銘傳商專擔任「印刷設計課」的專業講師，一開始陳敦化還擔心溫春雄不會答應，所以苦惱了一陣子，沒想到他一跟董事長提出這件事，溫先生馬上爽快的答應，他認為到學校擔任講師跟東方廣告公司的工作並不會互相牴觸，所以也很鼓勵陳敦化前往，「我們都很崇拜他，他真的是一個觀念很新的人，」陳敦化到現在還是很感謝溫春雄董事長。

不久中國文化大學等多所學校也聞名前來邀請陳敦化擔任講師，而在任教職期間發現台灣欠缺專業「印刷設計」的教科書，陳敦化還親自撰寫了講義，這份講義更意外成為國內外多所相關科系學校的指定教科書。教職工作日漸繁忙，也因為設計方面的理想，陳敦化終於結束在東方七年的工作，專心投入自創事業「敦煌印刷設計中心」，並在這段歲月中寫下更輝煌的人生。

陳敦化在東方累積的工作及人生經驗，為他往後自創的事業注入新的養分，「把行銷的概念帶入設計美學中」——陳敦化深刻的體會，一個好的品牌應該建立一套專屬品牌的設計工具，因此在外貿協會發表了「CIS」（企業識別系統）的概念，發表後深獲各界好評，影響了今日國內外許多品牌的形成。陳敦化更秉持著自己的這一套想法，為多家知名企業設計相關的CIS，諸如大家耳熟能詳的「黑松汽水」、「喜年來蛋捲」、「華興補習班」，甚至是「九二一的紀念酒包裝」、「國外大使訪台紀念禮物包裝」等國家級的作品，都是出自陳敦化之手，他並曾獲得文建會「貢獻卓越獎」的肯定，可說是成就不斐。

不管工作有多少酸甜苦辣，陳敦化認為「忠於自己的工作及目標」且樂於自己的工作是最重要的，因此，在東方的點點滴滴對他而言都是相當珍貴的，對東方及溫春雄董事長給予的一切人生資產，他更是滿懷感激。（撰稿：阮亭雯）

業務部拚命三郎、刻苦勤學的全才達人
# 賴震郎

出生年次：1940年
學歷：屏東農專森林系
進入東方年次與年齡：1965年，25歲
在東方工作年數：10年
進入東方之前的工作：貿易公司
離開東方之後的工作：創立「榮記寶石公司」

賴震郎近照

四十多年前，二十五歲的賴震郎踏進東方廣告公司面試，他當時怎麼也沒想到，這個面試是他人生的一個重要轉捩點。

退伍後在貿易公司服務的賴震郎，經由政大西語系的堂兄賴炳東（曾任職華美建設公司擔任業務經理）推薦，到東方面試。當時，面試的溫春雄董事長問他喝不喝酒，他答說：「我不喝，但是，如果有需要的話，以我的體能，我相信我可以接受訓練。」屏東農專森林系畢業，沒有商學基礎的他，一心想獲得這個工作機會，因此，他告訴溫春雄：「公司有三個月的試用期，希望能給我一個機會，如果三個月的表現不佳，隨時可以不用我。」賴震郎相信只要能獲得這份工作，他有信心一定可以做得有聲有色。面試結束後，東方提供50元的車馬費，賴震郎告訴溫春雄：「是我自己要來面試的，所以我不能收車馬費。」以當時月薪1,200元來看，這筆錢算來不少，但他卻婉拒了。這種種表現，讓賴震郎獲得了東方廣告公司AE的工作，展開了他長達十年左右的廣告業務工作，而他在工作上的成就也確實令人刮目相看。

賴震郎說，溫春雄認為廣告AE能力、耐力、思考力都要夠，須具備獨當一面的戰鬥能力，因此要求甚嚴，舉凡估價、美學、設計、市調、攝影、文案及企劃案撰寫等，都是必須具備的能力，更要有統合各部門間的調和運作能力。再者，一個優秀的AE更要「無所不知」，對事物要有深入的了解。溫春雄常對員工說的話是：「廣告公司人員除了不會生小孩，什麼都要會。」在這句話的激勵下，賴震郎下定決心苦學，從行銷、企劃開始樣樣都學；在廣告文案的擬定，從Logo命名、商品分析、市場分析、廣告方針、表現方法、整體市場行銷，以及

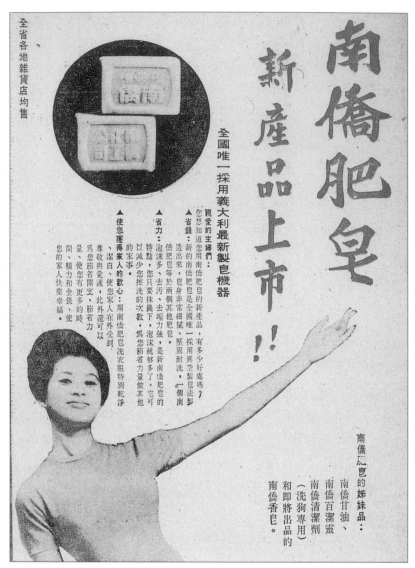

圖2.4.12 東方作品：南僑肥皂廣告（1965）

使用何種媒體做廣告等，他都用心了解；為了提升自己的能力，
加上對美學有興趣，只要一有空，他便到製作部門查看得獎的
廣告文案年鑑，學習他人之長；他也跟著當時的副課長李中
和、課長江歸璧、副理黃守智等人四處接洽客戶，從零學起。
就因為他的拚命精神，積極充實自己的專業，工作表現出色，
一年後賴震郎便升任副課長，二年後升上課長，第四年接業務
部副理，不到五年時間，三十歲時他就已經當上業務部經理。

東方的客戶眾多，包含當時各行各業的知名大企業，像是國
賓、中國、統一、中央等飯店，信東製藥、田邊製藥、氰氨公

司（寶納多）、永利行（歐羅肥、面速力達母）、國際、日立、東元電器、新光紡織、坤慶紡織、南僑（水晶肥皂）、黑松汽水、七星汽水、百事可樂、養樂多、義美食品、黛安芬、華歌爾、三富汽車（速霸陸）、大發汽車、山葉（YAMAHA）機車、功學社、味全、味王、新萬仁（綠油精）、虎標萬金油、國光人壽、第一銀行、華南銀行、遠東百貨，還有當年最紅的伍順牌腳踏車、順風牌電扇、流行牌學生服等。東方的客戶涵蓋全台，當年台中最大的鴻賓飯店及彰化的台灣飯店，也都是由東方承攬簡介印刷品。

擁有大客戶之後，要維持並不容易。賴震郎說：「若是經由介紹拿到的廣告案，要維持客戶很困難；但若是透過競爭獲得的客戶，穩定性較好。」正因為如此，面對其他廣告公司的激烈競爭，賴震郎在進行比稿時，一定利用圓融的人際關係，取得公司相關部門的全力協助，再以全方位的服務及專業來爭取客戶。「要始終保持真誠的心來感動客戶，唯有和客戶維持水乳相融的關係，才能守住客戶。」他說，有些公司的老闆要求很嚴苛，主觀意識又很強烈，他以專業為自己建立信心，不卑不亢，才不會在比稿報告時怯場，「絕對不能自卑當場輸掉信心」是他一貫的堅持。「論財力、職位，客戶老闆比我高，可是廣告企劃行銷方面，我的專業知識絕不比那些老闆差！」這就是賴震郎信心的來源，只要客戶提出的問題，他一定會盡力當場就回覆及解決。

賴震郎說：「比稿的時候，客戶經常會詳細提問估價內容，並時常變更製作項目，如果能精確明瞭各項製作成本或媒體價目，可當場給客戶滿意的答案，促使客戶簽訂合約，否則夜長夢多，搞不好合約就有變化了。」擔任業務部經理，身負公司業績重任，他連最專業及最複雜的估價，都下苦功鑽研。再加上溫春雄的名言「預算就等於是決算」，若未達預算目標，還要被老闆「刮鬍子」；就算是達成目標，溫春雄仍說「紀錄是用來打破的」、「維持現狀就是落伍」；即使打破紀錄，溫春雄還是說「未雨綢繆，積存資糧，以備將來不時之需。」這些鼓勵的話讓賴震郎隨時思考如何創造更好的業績，更加努力充實專業知識，積極爭取客戶。賴震郎也因此被譽為「鑽石嘴」，

圖2.4.13 東方作品：綠油精廣告（1967）

但他說以「內涵、事實」做基礎，才是真正的說話藝術，他相信誠實、實力才是成功的不二法門。

對照現在的廣告人，賴震郎感嘆「太被動」，而且在分工精細的情形下，廣告人只專注於自己的工作內容，未落實AE之 Account Executive 內涵，幾乎已找不到當年的「全才」。

在東方服務期間，賴震郎和他的團隊創造不少朗朗上口的廣告詞：孕婦保健品寶納多「一人吃兩人補」、寶島鐘錶「請大家告訴大家」、萬家香醬油「一家烤肉萬家香」、大同電器「大同大同服務好」等。「快樂香皂」、「乖乖」以及「綠油精」等廣告歌，也傳唱一時。他回憶道，「為了廣告詞，常常是連上廁所、睡覺時都在想。」這些廣告詞及廣告歌到現在仍存在許多人的記憶中。由日立公司提供、頗受歡迎的特別節目「猜猜看」，田邊製藥提供的綜藝節目「五燈獎」，歌林公司提供的歌唱節目「金曲獎」，都是當時收視率極高的電視節目。

數十年前，台灣將由黑白電視跨進彩色電視，賴震郎為生產彩色電視的國際公司舉辦了全國兒童「彩色繪畫比賽」，以此親子祥和關係，加強「彩色」畫面，恰和彩色電視機相呼應，而得獎作品巡迴全國展覽，並在電視、報紙發表，不僅加深了「彩色」的意涵，更創造出了一個新議題。「這真是一個最具挑戰性的廣告案。」回憶起當年這個非常成功的廣告案例，賴震郎仍難掩興奮之情。而南僑肥皂、清潔劑公開徵求商標設計案，華歌爾、歌林及快樂香皂（南僑公司）公開徵求廣告歌及模特兒等，也都是讓賴震郎印象深刻的廣告案例。

回憶當年，賴震郎對溫春雄的遠見感佩不已，溫春雄所說的話

對於他日後創業具有深遠的影響。他說，溫春雄有每天讀書的習慣，也鼓勵員工多讀書、養成讀書習慣，為獲取更多更專業的知識，至少要培養第二種外國語文能力，尤其是英文，以吸收外國資訊，為此公司還找來外語老師替員工上英、日語課。對員工的專業訓練，溫春雄也非常注重，當年東方和日本博報堂合作緊密，由於日本廣告比台灣先進，賴震郎擔任業務經理時，還曾到日本博報堂實習接受培訓，更加開闊了他的視野。

最令賴震郎佩服的是，當年溫春雄在外國報章雜誌上看到有關電腦的資訊，便向員工預告電腦時代的來臨，「從今天看來，溫董事長真是有遠見。」賴震郎說。而對董事長夫人溫林翠晶女士，賴震郎更是感佩，董事長夫人對公司貢獻良多，她以專精的日文及專業內涵，時常會同各部門員工開會及接待客戶，對於公司業務的開展助益不少。

賴震郎認為東方員工向心力強，隨時接受挑戰，而且感情深厚，不會輕易跳槽，只要從東方離職的人，在其他公司或領域也都表現優秀。這份特殊的情感，賴震郎至今未變。前法務部長陳定南當年也曾編屬於賴震郎的業務部門，當時他擔任業務部經理，陳定南進入東方之初擔任文案工作，後接企劃工作，在三、四年的時間升任企劃主任。在賴震郎印象中，陳定南負責認真，工作配合度高，思考力佳，和同事相處也不錯。後來陳定南轉職到王永慶所屬的首席廣告公司服務，接著又主政宜蘭，成就斐然。

在東方服務十年後，賴震郎離職投入珠寶事業，並跨足建設公司及蘭花領域，為了交接工作，他還三個月不定時上班且不支薪。當上老闆的他，從東方所學到的專業知識、技能、建立的人脈，以及溫春雄所說的名言、要求，對他都助益匪淺。東方的社訓「誠實、勤勉、熱心、進取」，更是他管理公司的重要方針。在面臨經營瓶頸時，溫春雄的名言「歹時機都有人賺錢」、「歹時機才是轉機」、「事在人為」、「沒有理由、只有方法」，都是他用來激勵自己的話。多年來，賴震郎公司經營得有聲有色，對東方他心中充滿「感恩」，並以能成為台灣廣告史上第一家廣告公司的一份子而引以為傲。（撰稿：蔡玉英）

# 第三章
## 經濟成長帶動廣告成長
### （1966-1975）

## 第一節 面對「經濟成長、外交挫敗」的台灣社會

台灣廣告成長期為1966年至1975年，1966年台灣主辦第五屆亞洲廣告會議，象徵台灣廣告產業蓬勃發展，獲得國際肯定，許多「中生代」的廣告公司，如清華、華威（現為「華威葛瑞」）、欣欣傳播（現為「華懋」）、國泰建業（現為「奧美」），以及台北市廣告代理商業同業公會均在此階段成立。

1975年，蔣介石去世，開啟蔣經國治台時期；這段期間由於蔣介石「漢賊不兩立」政策，使台灣外交一步步走向困境，1971年被逐出聯合國、1972年台日斷交，「經濟成長、外交挫敗」可謂是這段時期的寫照。在這段期間，台灣發生的重要事件如下：

### 1966
◎高雄加工出口區興建完成，帶領台灣走入外貿導向。

### 1967
◎台北市改制院轄市，市長改為官派，至1994年方開放民選；
◎瓊瑤小說與電影流行；
◎台灣加入國際廣告協會。

### 1968
◎台產的可口可樂上市，五〇年代的可口可樂曾被列為奢侈品，不准販售，市面的商品都是由美軍顧問團俱樂部流出，是時尚的象徵；
◎台視創設「金塔獎」，以表揚傑出電視廣告；
◎《徵信新聞報》改名《中國時報》。

### 1969
◎經濟部國貿局成立，台灣往外貿導向邁進；為避免產量過剩、削價競爭，味精、鮮菇、蘆筍工廠限制設廠一年；高雄小港機場開設為國際貿運航空站；海關改組，台北關成立，原台北關、台南關改稱為基隆關、高雄關；
◎中視開播，據統計該年平均每10戶有1架電視機，每戶有

1.5部收音機；

◎中視播出《晶晶》造成轟動，為我國首部電視連續劇。

## 1970

◎4月24日時任行政院副院長的蔣經國赴美訪問，在紐約的
　Plaza Hotel門口遭留美台籍學生黃文雄、鄭自才槍擊，是
　謂「424事件」，此事件導致蔣經國啟動「吹台青」政策，
　開始延用台籍人士，改變了台灣政治生態，影響極為深遠；

◎經濟部工業局成立；

◎第一座核能電廠開工興建，開啟台灣核電時代。

## 1971

◎10月26日聯合國決議驅逐蔣介石代表，台灣退出聯合國；

◎10月31日華視開播。

## 1972

◎尼克森訪問中國，2月21日發表聯合公報；9月29日台日
　斷交，該年有八個國家與我斷交；

◎主管廣電媒體的教育部文化局規定，電台播出方言（台灣話）
　每天每台不得超過一小時，分兩次播出；

◎5月蔣經國就任行政院長，謝東閔被任命為省主席，是第一
　位台灣人省主席。

## 1973

◎謝東閔提出「客廳即工廠」運動，鼓勵主婦在家從事代工；

◎三台聯播資生堂化妝品節目「美的世界」三十分鐘，出現日
　文與日本國旗，引起觀眾抗議；

◎8月1日教育部文化局裁撤，電影、電視審查移交行政院新
　聞局；

◎福特汽車公司推出「跑天下」。

## 1974

◎3月1日報紙售價由1.5元漲為2.5元；

◎第一次石油危機（1973-1975），1974年經濟成長率負
　1.5%，實質國民所得下降3%；

◎少棒、青少棒、青棒均得世界冠軍，首獲「三冠王」。

**1975**

◎4月5日蔣介石去世，統治台灣近三十年；嚴家淦依憲法續
　任總統，蔣經國任國民黨主席，「總裁」之稱保留給蔣介
　石；為追悼蔣介石去世，三台以黑白片播出一個月；

◎華視連續劇《保鑣》連映八個月，播出256集。

這段期間對台灣廣告產業影響最大的事件，是1972年台日斷
交。

1971年台灣被逐出聯合國，拖了將近一年，1972年9月29日
日本與我斷交，台日斷交影響當時廣告產業甚鉅。台日斷交除
了聯合國的影響外，1972年2月美國總統尼克森訪問中國，
並發表聯合公報，也是日本調整台、中關係的重要因素。9月
日本首相田中角榮訪問北京，簽署建交公報，外相太平正芳並
聲明廢除與台灣簽訂的中日和約。

台日斷交除政治的影響外，最主要是經濟的衝擊，1972年11
月號《廣告時代》第4輯曾在其社評中討論台日斷交對台灣廣
告界的影響：

台日之間貿易逆差，1969年為3.1億美元，1970年為4.3億美元，
1971年5.8億美元，斷交當年1至8月為3.9億美元，預估至年底會
達7億美元，而所謂台日合作的企業，實權都由日人掌握。

日本商品，藥品如武田、田邊、藤澤，奶粉如森永、明治、雪
印，電器如國際、三洋、日立、新力、哥倫比亞、將軍、三菱、
富士，機車如本田、鈴木，汽車如豐田、馬自達，均為日本品
牌，或日本在台投資生產之商品。日商挾雄厚資金，大力利用
「廣告」，以達到大量生產、大量銷售的目的，以當時國內廣告額
來看，日本商品廣告約佔一半以上，連中華商場上的霓虹燈塔，
除黑松與大同外，均為日本商品。[16]

廣告界之所以憂慮台日斷交，主要是日商廣告量大而且財務穩
固，不虞倒帳，斷交消息傳出後，為避免刺激國人情緒及靜觀
發展，該年9月下旬起日商廣告即銳減，甚至包裝上有「中日
合作」或「日本進口」字樣均予塗改或撕毀重印。[17]

[16] 整理自《廣告時代》第4輯社評〈中日斷交對
　　廣告界的影響〉，頁4-5，1972年11月出版。

[17]《廣告時代》第4輯，頁11。

「經濟成長、外交挫敗」，苦悶的台灣人不能談政治，只好「看電視」。1962年台視開播，1969年中視、1971年華視陸續開播，到了七〇年代電視機已成了台灣民眾最喜歡、最受歡迎的商品。據主計處統計，1968年有電視機36,750台，1970年有64,216台，1971年有105,789台[18]，接近倍數的成長，而台北市普及率更高，1971年台北市有264,706台電視機，平均每三戶有電視機二台，平均人口6.95人有一部電視機[19]，而《雲州大儒俠史艷文》與《晶晶》是當時台灣人的最愛。

1970年流行台視電視布袋戲《雲州大儒俠史艷文》，史艷文的魅力現在看起來是有點不可思議，電視收視率曾高達百分之三十七！中午播出時段，許多農人不種田，工人不上工，小店的老闆不做生意，計程車司機也不開車，大家圍在電視機前看史艷文，當然也有小學生翹課，而去抓學生翹課的老師也會被螢幕上溫文俠義的史艷文吸引，而不知不覺的看了起來。

電視史艷文1970年起在台視播出，連續演了583集，真的是「驚動武林，轟動萬教」，也因為太轟動了，引起了當時管制思想的新聞局關切，要求史艷文不要講台灣話，要配合政策講「國語」（北京話），史艷文講北京話就不是史艷文，只好謝幕下台鞠躬。

台灣民眾會迷上史艷文是有原因的，從1967年開始台灣就有一波波的媒體熱，先是瓊瑤的三廳（客廳、餐廳、咖啡廳）電影流行，接著王羽的《獨臂刀王》帶動武俠風潮，1969年更是全民守在電視機前看著金龍少棒隊在美國比賽的轉播。

1970年除了《史艷文》，還有中視《晶晶》連續劇也引發電視熱潮，劇中以女主角晶晶（李慧慧飾）「全台走透透」尋找母親（劉引商飾）為主軸展開，風靡了台灣觀眾，《晶晶》是台灣電視史上的第一部連續劇，從1969年11月3日播出至1970年2月28日才完結。

當時台灣民眾會有一股電視、電影的媒體熱，主要是時局影響，政治禁忌使民眾熱情不能投注在公共事務上，而且外交困境也壓得人喘不過氣來，大國斷交頻傳，聯合國的「中華民國

18 引自《廣告時代》第1輯，頁24。

19 引自《廣告時代》第6輯，頁36。

席次保衛戰」是每年必定上演的戲碼，台灣民眾於是從電視與電影中得到情緒的抒解。

瓊瑤電影也是當時的流行。1963年瓊瑤出版小說《窗外》，描述高中女生江雁容與國文老師康南的愛情故事，由於涉及師生戀，在當時被視為禁忌，因此造成轟動。接著1964年出版《六個夢》、《幸運草》、《幾度夕陽紅》、《菟絲花》，1965年《六個夢》改編成電影《婉君表妹》、《啞女情深》，極受歡迎，也開啟了長達二十年的瓊瑤電影時代，至1983年共有五十部瓊瑤電影上演。

在六〇與七〇年代，絕大部分的高中女生或大學女生都看過瓊瑤的書，或瓊瑤的電影、電視劇。瓊瑤的電影被稱為「三廳電影」（客廳、餐廳、咖啡廳），因為主要的場景都在這三個地方，電影中的女主角永遠長髮飄逸、不食人間煙火，男主角一定俊俏能詩能文。瓊瑤電影也創造了「二秦二林」的超級搭檔（秦漢、秦祥林、林鳳嬌、林青霞）。

瓊瑤的作品之所以流行，主要是讀者情感的投射，現實中面臨情感與生活的困境，只要遁入瓊瑤的作品即可得到逃避與抒解，形成傳播理論所謂「通便劑效應」（catharsis effect）。瓊瑤電影或小說影響至今，當時瘋迷瓊瑤的女學生，後來成了媽媽時，為小孩子命名都充滿「瓊瑤式風格」，七年級或八年級生，名字充滿詩情畫意的，大概父母都有看過瓊瑤的書或電影。


## 第二節 廣告產業開步走

1958年東方誕生，揭開台灣廣告代理產業序幕。

台灣在日治時代即有媒體（報紙）掮客型的廣告代理，國民黨來台初期亦有此類的報紙廣告代理服務，但真正的綜合性廣告代理始於六〇年代。1958年成立的東方廣告社，以及接續成立的台灣廣告公司、國華廣告公司、華商廣告公司、國際工商傳播、太一廣告公司，促成台灣廣告產業的蓬勃發展。

台灣廣告公司係1961年陳福旺與三位好友徐達光、黃遠球、洪金河共同創立的，股權幾經更迭，後為曾任職東方的胡榮灃取得主要股權，是台灣第二家現代化的廣告代理商，1997年引入日資，更名台灣電通廣告公司。國華廣告公司也是1961年創辦，創辦人許炳棠，現國華主要股份亦由電通掌握，成為日系廣告公司。華商廣告公司係錢存棠於1962年所創立，股權亦幾經更迭，1997年為外商收購更名「華商寶傑」，2000年股權再變，改名為「博達華商」（FCB Taiwan）。國際工商傳播公司創立於1962年，三大股東是李雲鵬、劉毅志與張我風，1987年股權變更易名為「英泰廣告公司」。太洋廣告公司成立於1962年，創辦人楊基炘，1984年納入日本第一企劃株式會社資本，並更名為太一廣告股份有限公司，九〇年代日資取得多數，成為日系廣告公司。

連同東方，這六家迄今尚在營運的廣告公司，可稱之為台灣廣告代理業之「六老」，不過除了東方與英泰，其他都售予外商，成了外資廣告公司，不再是本土企業，殊為可惜，而股權一直由原先創辦人家族掌握的只剩東方。

促成台灣廣告代理業興起的原因主要有三項：一是產業環境因素，六〇年代經濟的穩定成長，形成工商業對廣告的殷切需求。二是外來的刺激與影響，在日本東京召開的第二屆亞洲廣告會議，讓台灣代表體認廣告事業的前景，回國後紛紛創辦廣告公司。三是新媒體的催化，1962年台視創辦，開啟台灣電視時代，有了嶄新的媒體，當然就有廣告的需求。

這個時期有許多廣告代理商的創立，很多廣告公司都營運至今，且為業界所推崇。

1968年11月簡錫圭創辦清華廣告公司，簡氏離開東方後，曾轉至國華短暫服務，後創辦清華廣告公司，所以清華算是東方開枝散葉的公司之一。1992年簡氏離開廣告界專業從事繪畫，2003年參加法國藝術家沙龍競賽獲得銅牌獎，此沙龍賽已有三百餘年歷史，是法國最尊榮的藝術獎項之一。後清華由沈達吉主持營運，沈氏曾擔任廣告公會理事長（1991-1998），熱心公會事務，爭取2001年亞洲廣告會議主辦權，對產業發

展貢獻頗著。

此外，1968年秦凱創立美商格蘭廣告公司，在當時亦是甚具規模的廣告公司。1969年台廣的合夥人徐達光離開台廣，自行創立東海廣告，並網羅著名學者洪良浩擔任副總經理，主要客戶是聲寶與武田製藥；1974年東海將部分股權售予中國信託，改組另名為聯廣公司，營運至今，與東方同為我國主要本土型廣告公司。郭承豐在1975年創華威廣告公司，郭氏畢業於國立藝專，為當時著名設計團體「變形蟲」會員，曾任職國華廣告；後華威加入美商Grey廣告公司資本，改組為華威葛瑞廣告公司。

1972年創立的國泰建業廣告公司，為國泰集團之附屬廣告公司，在當時是頗具盛名的房地產廣告專業公司，1984年因國泰關係企業台北第十信用合作社發生超貸擠兌（媒體稱為「十信案」），為避免波及乃將股權售予美商奧美公司，1985年完成外資登記改名為奧美廣告，奧美廣告也是台灣開放外資服務業後，第一家核可的廣告公司。

這段期間當然不止只有這些，甚至還有很多企業自設廣告公司（學理上稱之house agency或in-house agency）也是這時期廣告產業的特色，很多企業主認為只要我的廣告佣金足以支付一家廣告公司的開支，那就可以成立「自己家」的廣告公司，利潤回流，而且納入企業科層體系，更容易運用指揮。在這種想法下，很多house agency型的廣告公司成立了，如國泰建業廣告之於國泰集團，大為廣告之於華美聯合建設公司，裕民傳播之於遠東集團。

由於廣告代理業發展迅速，良莠不齊，因此也導致不少批評。如人員流動太大，廣告主深感不便；其次是新投入的廣告公司越開越小，這些小公司爭相招攬拜訪，令廣告主感到困擾；第三是廣告代理業專業人才不足，因此常以價格競爭方式爭取客戶。

此外，「倒帳」是當時廣告公司經營者的最痛，1973年就發生「千百樂事件」。「千百樂」是位於員林的提神飲料公司，

台灣廣告公司遭「千百樂」公司倒帳八百多萬，「千百樂事件」也呈現廣告公司與媒體之間交易的不公平，廣告公司只得到廣告費的百分之二十，媒體分得百分之八十，但廣告公司卻要負百分之百的倒帳風險，客戶倒帳所拖欠的媒體帳款也要廣告公司支付，媒體完全置身事外，不受殃及，這極為不公平。

這段期間也有許多製作公司成立，台灣最早的廣告影片製作公司應是台灣廣告公司陳福旺成立的「幸映社」，所拍攝的廣告就是第一支台灣自製廣告片「克勞酸」。此外，陳信惠的「影人」、林滄良的「金太陽」都是國人第一批成立的PH（production house，即廣告影片製作公司）。接著開辦的公司有達達、黑潮、敦煌、朝風、電澤、桂氏、光影、天然色、創造、印象、大世紀、影響、連勝、藍海、第五季等公司。

另外一家必須一提的製作公司是光啟社，光啟社是天主教耶穌會教士所創辦的服務性團體，創立於1958年（比台視還早四年！），原先是接收駐菲美軍的錄音設備而成立的機構，所以早期的名字是「光啟錄音社」，設在台中。命名為「光啟」是紀念明朝宰相徐光啟，他與來華傳教的利馬竇相知相惜，而且受洗成為虔誠的天主教徒。

教育部成立的實驗性電視台「教育電視台」，光啟社曾支援節目，台視開播當日（1962年10月10日），光啟社亦免費支援兩部攝影機，很多活躍業界的電視廣告人，都曾任職或受到光啟社的培訓。

光啟社鮮少製作電視廣告，但製作很多受歡迎的節目，如1975年台視「藍天白雲」、1976年台視「巨星之夜」、1981年台視「新武器大觀」、1982年三台聯播的「尖端」、1983年提供三台公視時段播出的「柯先生與紀小姐」，都是叫好又叫座的節目。1975年在台視播出的「藍天白雲」，就是由東方與光啟社聯合企劃錄製的，此節目榮獲行政院新聞局頒發金鐘獎特別獎。

電視媒體在這段期間逐漸發展普及，中視在1969年、華視在1971年開播，都是這個時期的媒體大事，中視開播後於1970

年推出的《晶晶》連續劇，以及台視的布袋戲《雲州大儒俠》、華視的連續劇《保鏢》都引起轟動。

電視廣告在1975年費用最貴者為特級時段（19:00-21:30），10秒廣告費3,600元，甲級時段（18:00-19:00，21:30-22:30）2,520元，乙級時段（12:00-14:00，17:30-18:00，22:30-23:30）1,620元，其餘時段為丙級，10秒廣告費為900元，20秒與30秒長度費用則以10秒的倍數計算。

雜誌廣告在七〇年具廣告功能者，有《讀者文摘》、《學生英文雜誌》、《皇冠》、《拾穗》、《台視週刊》、《中視週刊》、《華視週刊》、《婦女雜誌》、《綜合月刊》、《實業世界》、《今日世界》、《摩登家庭》、《野外》等。廣告費最貴者為《讀者文摘》，內全頁彩色66,500元、黑白53,010元；其次是《今日世界》，內頁黑白16,500元；《婦女雜誌》，內頁黑白11,500元；三台電視週刊，內頁黑白9,000元。

當時雜誌產業呈集團態勢的是張任飛主持的《婦女雜誌》、《綜合月刊》、《小讀者》，《婦女雜誌》以高社經地位的婦女為對象，《綜合月刊》以知識份子為對象，《小讀者》則以高社經地位家庭的小朋友為訴求。另一家應該提到的雜誌是《皇冠》，創刊於1954年，第1期在2月22日發行，32開本，120頁，售價5元。但其茁壯應是六〇年中期以後，1964年成立基本作家群，聘請司馬中原、尼洛、朱西甯、季季、林懷民、段彩華、高陽、華嚴、瓊瑤等人固定寫稿，1967年還推出首部自製電影《月滿西樓》，並設置自有的印刷廠。《皇冠》由於定位明確、饒富特色，迄今都是頗受歡迎的刊物。

專業廣告刊物在七〇年代也出現了，《廣告時代》創辦於1972年8月，是我國第一本廣告專業刊物，發行人是郭承豐，總編輯楊國台、編輯黃導群、攝影王小虎。當時有許多著名廣告人在該刊以筆名撰文，如「洪中」是東海副總洪良浩、「向文」是華商副總劉會梁、「蕭城」是廣告學教授顏伯勤，顯示該刊極受業界重視。《廣告時代》共發行24期，至1976年5月停刊。

七〇年代的廣告主以房地產、家電、汽車、日用品、飲料為主。《廣告時代》在1974年列舉該年度的十大廣告主，依排名序為華美建設公司、新力、國際牌松下、國聯公司、福特汽車、白金牌鋼筆、幽妮髮滋公司、遠東紡織、黑松、功學社。

由於廣告的成長，因此七〇年代也有了廣告獎項。台視在1968年創設「金塔獎」，以表揚傑出電視廣告，金塔獎前後舉辦四屆，至1971年停辦，停辦的原因是當時已經有三台，再由台視獨自舉辦恐怕權威性不足，亦不受到業界的認同，因此提議三台合辦或由電視學會承辦，但中視、華視缺乏興趣而作罷。

金塔獎是我國第一個電視廣告獎項，而第一個報紙廣告獎項則是更早的「報紙廣告最佳設計獎」，該獎項是1965年由《台灣新生報》舉辦，只舉辦一屆。這兩個獎項東方都有不錯的表現。

## 第三節 東方的成長

隨著台灣經濟成長，電視機普及，廣告產業亦隨之蓬勃發展，東方也在這一波的廣告熱潮中締造了不錯的成績。

1966年第五屆亞洲廣告會議在台北舉行，會徽由東方設計，並負責會場佈置工作；1967年東方成為國際廣告協會（IAA）會員；1968年東方又承擔業界服務工作，台灣電視公司在該年舉辦第一屆電視廣告影片金塔獎，獎座由東方設計；1969年5月東方遷址台北市延平南路九號，該年溫春雄參加日本東京第二十一屆世界廣告會議；1970年資深東方人黃宗鎧擔任第二任總經理，溫春雄專任董事長；1971年於台南市友愛街二十六號增設南部辦事處，並發行《東方雙月刊》；1973年公司資本額增加為新台幣250萬元，該年並發行《營銷與廣告》周刊；1975年東方與光啟社企劃錄製之「藍天白雲」電視節目，榮獲行政院新聞局頒發金鐘特別獎。

主辦第五屆亞洲廣告會議是台灣媒體界與廣告界的盛事，我國

圖3.3.1　東方與光啟社之「藍天白雲」電視節目榮獲金鐘特別獎（1975）

共承辦二次的亞洲廣告會議，第一次為1966年的第五屆，第二次為三十五年後之2001年的第二十二屆。

1964年經政府支持，時任英文《中國郵報》發行人余夢燕在第四屆大會中宣讀我國政府歡迎該會來台舉辦的文件，經與會代表決議通過，我國取得第五屆亞洲廣告會議主辦權。回國後旋即展開籌備工作，由台北市報業公會、台北市廣告商業同業公會、台北市廣告人協會為籌備單位，公推余夢燕為主任委員，《中央日報》曹聖芬、《聯合報》王惕吾為副主任委員，時任廣告公會理事長的周文同為大會秘書長，並敦聘當時經濟部長李國鼎為大會榮譽會長。1966年11月第五屆亞洲廣告會議在台北市國賓飯店召開，11月4日、5日為預備會議，11月7日正式開幕，11月9日閉幕。

圖3.3.2 第五屆亞洲廣告會議（1966）會徽

與會來賓413人，來自14個國家，其中日本85人、菲律賓96人、香港44人、新加坡及馬來亞20人、美國13人、澳大利亞3人、紐西蘭2人、以色列2人，英國、印度、伊朗、韓國、泰國各1人，地主國台灣156人。台灣代表團由當時《新生報》社長王民擔任團長，顏伯勤為代表團總幹事。

大會會徽為國字「伍」，由當時東方廣告公司副總經理張國雄設計，東方並協助大會會場佈置。

第五屆亞洲廣告會議的舉辦，除促使政府與國人重視廣告外，主要提升我國的國際廣告地位。大會閉幕後，國際廣告協會即敦促我國成立分會，翌年（1967年）國際廣告協會中華民國分會成立。此外，國內各大廣告公司也經此建立國際聯繫管道，與日本、美國、香港廣告業者進行業務交流。而從此次大會籌備委員的組成，亦可以看出六〇年代的廣告產業力量遠不及媒體。籌備委員以媒體界居多，媒體界中又以報紙為首，電視與廣播的代表人物甚少。

圖3.3.3 第一屆「金塔獎」獎座（1968）

1968年台灣電視公司在該年舉辦第一屆電視廣告影片金塔獎，獎座由東方設計；台灣電視公司為獎勵優秀的電視廣告，提高國產影片的製作水準，以期廣告淨化與美化，自1968年起至1971年共舉辦了四屆廣告影片金塔獎，對提升廣告水準

圖3.3.4　50~60年代，因家庭環境衛生普遍不佳，易滋生蚊蟲，金鳥蚊香、殺蟲液是家家戶戶必備的用品　資料來源：東方廣告公司提供

黃宗鎧（1961）

頗具意義，而此獎座係由東方廣告公司陳敦化設計。

第一屆金塔獎於1968年12月14日揭曉得獎名單，得獎的廣告影片共分四組，分別為：十秒廣告影片、二十秒廣告影片、三十秒及四十秒廣告影片、六十秒及九十秒廣告影片，分別錄取一至三名及佳作若干名。得獎作品如明星花露水、小美冰淇淋、蘋果西打、國泰人壽等，直至今日都仍受歡迎。除廣告影片獎外，還另設廣告代理商獎，獎勵優秀代理商。第一屆評審委員有余夢燕（主任委員）、王沛綸、吳三連、王德馨、徐有庠、楊英風、何貽謀、鈕先銘、齊振一、鄭炳森等人。

第一屆金塔獎東方代理的南僑化學公司「快樂香皂」得到十秒廣告影片第一名，東方亦得到廣告代理商獎之「優秀獎」。

1970年資深東方人黃宗鎧擔任第二任總經理，溫春雄專任董事長；黃氏係台灣大學經濟系畢業，1961年退役後即加入東方，一直到2001年在副董事長任內退休，共在東方服務四十年，歷任業務經理、副總經理、總經理，是終身的東方人，其間有人勸他自行創業，他都以割捨不下東方，以及顧及病中溫春雄的感受而婉拒，溫氏去世後，他更積極輔佐溫夫人，穩住東方局勢，是重情重義的廣告人，其風範值得後輩學習。

1971年東方創辦社內刊物《東方雙月刊》，所謂社內刊物即是house organ，也就是不對外公開販售，只提供相關往來廠商、客戶與內部員工參考閱讀的刊物。由於公關概念的普及，現在很多企業都發行社內刊物，但在七〇年代確屬可貴，台灣第一本廣告雜誌是1972年8月創刊的《廣告時代》，而《東方雙月刊》比它早了一年。

黑松飲料在這時期也成了東方的客戶，黑松是在地的品牌，創業於日治時代的大正14年（1925年），馳騁台灣飲料界多年後，首次面對外來碳酸飲料可口可樂的挑戰，因此展開新的品牌再定位與行銷策略，並委託東方為其「改頭換面」。

1970年，東方接下黑松飲料廣告，除了凸顯黑松飲料的本土龍頭地位，並與台灣人「搏感情」，做「在地」的連結。1970年廣告以大學聯招考生為訴求，打出「為你提神，為你加油！」「請喝使您振作的黑松！」的標語，顯現黑松汽水當時希望以其特殊配方口味，與外來的碳酸飲料有所區隔，強調不只是碳酸飲料，還具有提神、振奮精神的功效；另外，黑松積極學習國外汽水品牌包裝模式，改變汽水包裝、瓶標等設計，力求讓人耳目一新。

而隨著國民所得增加，開始重視假日休閒活動，黑松廣告也緊抓社會脈動，塑造黑松沙士為出外旅遊必備的好伙伴形象，並凸顯「你一口、我一口」那種清涼、豪邁爽快的感覺，廣告中情侶談情說愛並共飲黑松飲料的模樣，成為當時約會時競相模仿的畫面，喝黑松飲料彷彿可以讓人「時時歡笑，刻刻舒暢；……口口清涼！」「祇要有黑松為伴，永遠充滿歡樂的時光！」

值得一提的是，受到可口可樂的刺激，黑松也順勢推出黑松可樂，瓶裝及包裝與原有的汽水和沙士相仿，親子瓶對瓶共飲的和樂廣告畫面，饒富趣味，也顯示當時社會風氣中親子關係已不似過去傳統權威的關係，展現平等與相互尊重的新觀念。

戰後初期汽水是奢侈品，只有拜拜或來了客人，才會找小朋友去雜貨店買汽水，七〇年代隨著汽水廣告多元使用的訴求，汽水、沙士再也不是那麼高貴，成了「庶民飲料」。

圖 3.3.5　1971 年創刊的《東方雙月刊》

圖 3.3.6　東方作品：黑松飲料廣告（1970）

## 第四節 開疆闢土的東方人

將廣告藝術化
# 陳陽春

出生年次：1946年
學歷：國立台灣藝專
進入東方年次與年齡：1969年，23歲
在東方工作年數：10個月
進入東方之前的工作：無
離開東方之後的工作：專業畫家

陳陽春近照

現任「專業畫家」的陳陽春從小就透露出藝術家獨特的氣息。由於藝術與創作方面的天份，陳陽春在國立台灣藝專（今國立台灣藝術大學）美術工藝科畢業前夕的「畢業專題製作展」中大放異彩、表現傑出，受到多家專業廣告公司的青睞，而當時東方設計部主任張國雄也是其中之一，「當時有九家廣告公司都來跟我聊，」現為專業畫家的陳陽春淡淡的說起這段輝煌的歲月。而在服完兵役後，他終於決定進入東方，至於原因，他則是一派輕鬆的表示：「就是一種感覺吧！這家公司聽起來挺不錯的！」

因為是新人，進入東方的設計部門後，陳陽春主要做的是報紙、包裝設計相關工作，認為被分派到的工作量並不重，但因為工作時限時關係，仍覺得壓力不小。當時的設計是需要經由業務傳達，並無法直接和客戶面對面的討論、溝通，導致一件稿子時常要往返很久，來來回回改了又改、修了又修，陳陽春卻也不以為苦，他樂觀的表示：「雖然好像很麻煩，但卻也省去了跟客戶溝通的壓力。」雖然所做的多為設計方面的工作，但是他總覺得在許多「條件限制」之下從事設計與創作，還是不那麼暢快，這也是往後他離開東方的主要因素。

剛進東方時，陳陽春還是個剛退伍的年輕人，因此在服裝方面經常比較輕鬆、休閒，也並未將此事放在心上，直到有一次公司業務部的前輩提醒他：「我們也算是一間有規模的公司，要穿得體面一點！」於是他當天馬上去添購了新的衣物。而對此他並不感到害羞或不好意思，「只覺得是相當有趣且難忘的經

驗，」他微笑著說。

由於董事長溫春雄從小受的是日式教育，因此管理公司多多少少也受此影響，像是當初公司的女性員工在進公司時，需打理環境清潔、為男性員工倒茶水及服務，而董事長夫人本身就是一位具有傳統美德的女性，也是公司女性員工的榜樣。陳陽春對於溫春雄另外一個深刻的記憶，就是每天早晨的「訓話」，「其實也不算是訓話！就是每天早上跟大家聊聊他的一些想法。」他笑著說起這段難忘的記憶。當時溫春雄是公司的董事長兼任總經理，另外更是百事可樂台灣區總經理，公務相當繁忙，然而他每天早晨還是不忘撥出時間跟東方同仁說說話，分享行銷方面的概念、新出版的好書、有趣的趣聞等。雖然陳陽春表示有時候會很想打瞌睡，但還是令人印象深刻及佩服不已。

陳陽春認為，「廣告就是花最少的錢得到最好的效益，但不違背良心。」他表示對東方的工作環境、薪水等都相當滿意，也稱得上是學以致用，但或許因為無法適應公司上下班打卡等日式作風規定，對於中午外出吃飯的時間只有一小時感到苦惱，最重要的是「無法專心從事藝術創作」，因此終於逐漸萌生退意，在東方廣告公司任職了十個月後，他決定辭去這份人人稱羨的好工作，毅然決然地專心走上藝術創作的路，過程中雖曾經短暫到另一家廣告公司任職，但他知道那始終不是他的理想。

陳陽春一直是位有創作抱負及理想的藝術家，終於漸入佳境，除了大量藝術創作的問世，更在1999年1月成立了「台北市陽春水彩藝術會」，其宗旨是「將不同事業工作，與心靈、美感、生活、智慧融匯合為一體，共同營造『生活藝術化，藝術生活化』之境界。」

在東方的工作中學習到的經驗，也為他將來的繪畫創作及畫廊事業奠定了良好的基礎，「在東方學到最重要的就是『替產品找重點』，」因此陳陽春後期投入自己創作生涯時，一共舉行了114次的個人畫展，也到世界各地講學，分享他的創作及作品，足跡遍佈26個國家地區。每次的個人畫展都由他一手包

圖3.4.1 東方作品：新力牌電視機廣告（1970）

辦，除了新的畫作，畫展中的場地佈置及設計、邀請函、宣傳
海報等，也都是由他自己設計完成。對他來說，可以自由的創
作就是最大的幸福了。

陳陽春依稀記得在東方的月薪是台幣兩千多元，在他第一次開
畫展時，溫春雄特別帶了夫人到場參觀，溫董現場就以兩千元
買下一幅陳陽春的作品，直接以行動表示對他的支持。雖然當
初在公司任職時，因為陳陽春不是高級主管，和溫春雄的互動
相對沒那麼頻繁，但是對於溫先生的行動支持，他相當感動，
也再一次證明了溫春雄對於後進晚輩及員工的照顧。

在東方的時間雖然不長，卻也為陳陽春往後的人生帶來許多回
憶。陳陽春除了藝術創作不輟之外，多次的畫展也都相當成
功，並受邀到世界各地演講、分享創作的心得，更捐贈多幅畫
作行善，流露出悲天憫人的情懷。出生於雲林縣的他因為表現
卓越，雲林縣政府甚至為他編寫了一本專書，書名即為《儒俠
──陳陽春藝之道》，書中介紹了許多他的生平事蹟、創作理
念、畫作等，這也再次證明東方員工的優秀！（撰稿：阮亭雯）

與客戶認真「搏感情」的廣告人

# 紀沼楠

出生年次：1947年

學歷：輔仁大學

進入東方年次與年齡：1970年，23歲

在東方工作年數：4年半

進入東方之前的工作：無

離開東方之後的工作：目前擔任「展望國際廣告股份有限公司」董事長

紀沼楠出生於1947年，從小對繪畫及設計有濃厚的興趣，大學時雖非就讀廣告的相關科系，但對於廣告可以同時結合這兩項興趣，躍躍欲試，因此一服完兵役，就到東方應徵，當時獲得業務部賴震郎經理的引薦，於1970年時順利地進入東方廣告工作，為退伍後第一份工作。

紀沼楠（1970）

進入東方後，因為並非設計相關科系畢業，紀沼楠並未進入設計部，而是在業務部，當時業務部一個人必須同時負責很多家公司，例如：BMW、味王、味王醬油、美爽爽等，但也因為如此，在業務上多方的訓練讓他了解到「不僅只是專才，也要是通才」，什麼都要懂，什麼都要參與，不論是產品的行銷、與客戶間的溝通或業務的執行，都要親自去處理，而且以前的資訊不像現在這麼發達，廣告這行業也沒有太多的經驗可以借鏡，唯有不斷的從經驗中去學習，才能繼續的精進自己、磨練自己。

進入東方的第一個案子就是味王的王子麵，對於紀沼楠而言，一個剛踏入社會的新鮮人，遇上一個準備醞釀出的新產品，雙方都是從新的起點開始，從徵求社會大眾的命名、產品的包裝、廣告企劃，紀沼楠都親自參與其中，可說是與味王王子麵一同成長。他說當時大家很自動自發，業績不好就會抬不起頭，而一個人同時要負責七、八個客戶，每個客戶都要用心的「搏感情」，常常要和客戶打球、吃飯，因此時間的安排變得相當的重要，但也因這種「搏感情」的文化，讓他現在就算離開東方廣告這麼多年了，還是會常常與當年的客戶承辦負責人一起打球、聚餐，培養出真正信賴與長久的感情。

談到溫春雄，「沒錢、沒力、沒學問是做不了事的！」是董事

圖3.4.2 東方作品：味王醬油廣告（1971）

長常常掛在嘴邊的一句話，紀沼楠說溫董事長令人敬佩，當時他兼任百事可樂的總經理，以一句經典名言：「量多、味道好」，創造出百事可樂在台灣的奇蹟，業績甚至超越可口可樂，這讓紀沼楠學習到，唯有知己知彼，才能百戰百勝，並體認到好的廣告應該要融入生活，才容易被人眾接受。而溫春雄對於新知識的吸收與傳授，和具前瞻性的遠見，也讓紀沼楠相當欽佩。早在三十多年前，溫春雄就深知塑膠對於台灣的產業雖有很大的幫助，但對環境卻會造成無法彌補的傷害，因此每週都會花三十分鐘宣導環保的概念，在當時真的是一個很新的觀念。除此之外，溫春雄也常告訴他們，年輕人有三樣東西不能少：「剪刀、筆、紙」，看到對自己有幫助的報導或資訊就要剪下來，筆要寫，而紙要拿來貼，這些話都深深的烙印在紀沼楠的心裡，至今仍受益無窮。

除了溫董事長，紀沼楠對於總經理黃宗鎧和設計部經理張國雄也都印象深刻，他形容黃宗鎧像條台灣的牛，承受的壓力大但做事非常誠懇用心，對東方有很大的貢獻；而張國雄則是一條漢子，任勞任怨，講話算話，對於部屬非常照顧。對紀沼楠來說，這兩位是讓他學習為人處事的前輩。提起當年與同事之間的相處，或許是因為大家一起打拚、一起共患難的情誼，東方成了當年孕育夫妻的搖籃，許多人在這裡找到對象，而紀沼楠

和夫人林珍珠也是在東方結下良緣，紀沼楠說：「東方真的給了我很多。」

而在東方廣告待了四年半，對廣告越來越熟悉的紀沼楠，後半期為東方廣告開發了一大客戶——「中國石油公司」。在當時公營事業是不能做廣告的，但紀沼楠主動與中油接洽，希望在每個加油站柱子標語「熄火加油」、「嚴禁煙火」的下方做廣告，這項創新為東方帶來了不少收益。在這個案子交接後，紀沼楠決定自行出來創業打拚，1974年成立了展望廣告公司。在東方工作的經驗，對成立新公司有很大的幫助，當時的五大媒體三台兩報：台視、中視、華視、聯合報、中國時報，都因為之前在東方的時候有接觸過，所以對於這些媒體的相處與聯繫並不陌生，這樣良好的關係，對於一個新成立的廣告公司是莫大的資源。

除了媒體的資源，當年溫春雄對於廣告的行銷概念「廣告要融入生活」，讓紀沼楠在八〇年代創造出「軟片的奇蹟」，從「櫻花軟片」改名到「Konica」，一句句經典名句「他抓得住我」、「他傻瓜，你聰明」，大大提升其品牌知名度和驚人的業績。

紀沼楠說，就算離開東方這麼多年了，但當時在東方與客戶「搏感情」的文化，仍深深影響著他。早期的廣告界，應酬文化是無法避免且必要的，但當時建立起的感情是真誠的、長久的，不像現在的應酬多為功利的工作關係，回想起溫春雄說的「要有錢、有力、有學問」，紀沼楠幽默的加了一句，還要會喝酒，喝酒這種藝術，在各種職場上好像都佔有一定的重要性。

本來只打算在廣告界待個四、五年，學習多方的經驗後，就要轉行，但沒想到一待就是一輩子，在廣告圈將近四十年的歲月，紀沼楠深刻的體認到廣告人一定要具備以下條件：頭腦隨時保持清晰、反應快、不怕壓力、勇於挑戰、並且要懂得其中的趣味和懂得生活，而最重要的還是對廣告的熱情。沒了熱情待在廣告圈會很辛苦，因為在廣告界賺不了什麼大錢，但對廣告的熱忱和努力，可以讓一個人得到無價的成就感，或許這就是紀沼楠決定終身為廣告奉獻的最大動力。（撰稿：林久惠）

守護東方四分之一世紀的巨人
# 王心浩

出生年次：1928年
學歷：高中
進入東方年次與年齡：1972年，43歲
在東方工作年數：23年
進入東方之前的工作：軍中服務
離開東方之後的工作：退休

王心浩近照

王心浩出生於1928年，已八十餘歲高齡。籍貫四川，從小由祖父母扶養長大，初中畢業之後，1949年孤身來台，在軍中服務了二十多年，並於軍中參加學力鑑定考試獲得高中文憑。

1972年，王心浩四十三歲，由於投資大卡車生意失敗，並將僅存的三萬塊借給朋友開公司，自己一無所有，當時正好東方正缺保全管理員，因此藉由軍中長官的推薦，王心浩進入了東方。雖然王心浩於1995年6月30日退休離開，但他與東方的情感一直延續至今，且和當時公司裡的同事仍時常保持聯繫。在東方二十三年的歲月中，王心浩歷經公司三次遷址期，進入東方時在延平南路，1976年搬至懷寧街，1986年9月搬至信義路四段，長達四分之一世紀的歲月，使得王心浩對於東方有了極深厚的感情。

王心浩談起東方心存感念，他說由於那段時間家裡十分需要經濟的支援，公司裡的人非常幫助他，才能讓他有現在的經濟基礎。直到退休後，王心浩的家裡仍是需要工作補貼才能維持基本生活，因此在退休後仍有兼職。1975年，王心浩結婚，夫人小他二十三歲，結婚需要一筆錢，婚後開支更大，當時已幾乎沒有儲蓄的王心浩，亟需有更多的收入，公司知道這樣的情況，問他除了保全管理外，要不要接下清潔工的工作，他就一口答應。

說到溫春雄董事長，王心浩十分感念，直稱老董事長真的幫忙他很多。當時，董事長早上到公司有剪報的習慣，每當他剪完報紙後，就會把剩下的報紙拿給王心浩，「剛開始我還不知道董事長這是什麼意思，直到有一天我終於了解，把這些報紙收集起來，捆成一綑，就可以拿去賣錢，」王心浩對此深表感

圖3.4.3 東方作品：雙十國慶廣告（1976）

激，並且認為他這個家庭能繼續延續，有了第三代，一切都來
自於東方。對於老董事長的這份感激之情，在溫春雄中風後全
然表現出來，下班後或是空暇之時，王心浩就會去照顧躺在床
上的老董事長。由於老董事長家裡的菲傭是女性，要清理老董
事長的身體不是很方便，且溫春雄體格非常壯碩，因此一個女
人家要翻動他的身體確實不容易，王心浩便主動在下班之後前
去幫忙照顧老董事長，這樣的溫情照料直至1995年3月29日
老董事長去世前夕。

董事長夫人溫林翠晶女士同樣也對王心浩十分眷顧。王心浩的二兒子讀台大時，由於家裡經濟狀況不好，溫林翠晶女士主動要幫他付學費，共繳了兩次；而當王心浩的二兒子結婚時，董事長夫人還擔任證婚人，溫春雄夫婦對東方同仁細心體貼的程度可見一斑。王心浩退休後，董事長夫人原本想要請他繼續做清潔工作，這樣才能有一定的收入，不過王心浩推辭了，既然退休就退休了，但現在他與東方的老同事依然保持聯絡，沒有因為退休而斷了彼此的情誼。

東方的「四大金剛」指的是當時的總經理黃宗鎧、副總經理張國雄、黃奇鏘以及管理部主任蔡宜富，這是王心浩取名的，他當兵時政府有四大金剛，所以他也將公司內部的主力人物取名，意指這四個人十分能幹、有才華。

提及當時的蔡宜富主任，王心浩表示蔡主任從來不以工友的身分看待他，反而以「王先生」稱呼，讓王心浩很感激，因此他對蔡宜富十分尊敬；總經理黃宗鎧將財務管理得非常好，量入為出，令人欽佩；副總經理張國雄聰明能幹，擁有藝術家的性情；而黃奇鏘知人用人，也令王心浩非常欣賞，王心浩說那時公司的平面廣告負責人出缺，登報找人，來了好幾十封應徵信，黃奇鏘看了強嘉陵先生的應徵信，就要他回信請強嘉陵來面試，王心浩非常好奇為什麼幾十個人來信就唯獨只叫這個人來面試，而且學歷也只有高中畢業？但黃奇鏘就是用了強嘉陵，之後強嘉陵也果真表現不錯。

東方的同仁對王心浩都非常照顧，由於知道王心浩家裡的經濟狀況，有什麼賺零頭的機會都會告知他，例如幫忙送稿賺跑腿費，他也曾為國際牌擔任模特兒而成了月曆人物。

從1995年退休已十餘年，王心浩仍將公司送給他具有價值性的東西保存得好好的。王心浩對於東方滿懷感激，感謝每一位曾經幫助過他的人，感謝東方讓他現在能有一個美好的家庭與經濟基礎。對王心浩來說，東方不僅僅是一個生意場所，這裡也充滿著人情味，同事與同事間的互相扶持，上對下的照顧提攜，下對上的尊敬推崇，是個溫馨、令人眷戀的大家庭。（撰稿：鄭維真）

真誠與客戶建立信賴關係

# 林石楠

出生年次：1952年

學歷：復興美工

進入東方年次與年齡：1972年，22歲

在東方工作年數：10年

進入東方之前的工作：博物館工讀

離開東方之後的工作：創辦「利百代公司」

林石楠（1972）

林石楠畢業於復興美工，由於他對雕塑頗有興趣，也曾經拜師學藝，因此在學期間就有到博物館工讀的經驗，也曾經做過考古工作，摸索大象的骨骸，判定年代或歷史背景等。畢業後，憑著優異的才能，做過代課助理，直到1972年進入東方廣告公司，當時的他正值二十二歲年輕氣盛的時期。

提到過往經驗，林石楠說，他其實想過要做藝術家，因此進入復興美工學美術，但在一次因緣際會下，為幫助朋友暫時補替東方廣告空缺的職位，於是在東方兼職了一陣子。直到某天，他一個人留在公司加班畫設計草圖，正好被董事長溫春雄撞見，也許是欣賞林石楠的藝術才能，也或許是被他的認真態度所吸引，過一陣子，林石楠正式升為東方的職員，就這麼誤打誤撞的展開他在東方十年的設計生涯。

林石楠進入東方時，當年廣告產業尚未國際化，整個廣告產業是依循日本模式經營，以汽車和電器用品為廣告業的主要大戶，有些廣告甚至是跟隨日本產品一起從日本直接引進台灣，由於還在萌芽階段，整個廣告產業像是逃難文化的縮影，不考慮廣告的一致性，也不會作長期性的規劃。在此產業環境下，廣告公司對外靠關係，因此公司裡一切的事務都靠AE來掌控。設計人員負責設計後交由AE提交給客戶，除了提案外，AE們還要負責和客戶打好關係，甚至是媒體記者也要打過招呼才行。關係處理好了後，一切設計或提案都好談，當時的客戶講的是義氣，是搏感情的！也許初期常會被客戶推翻提案，但是經過一遍又一遍的修改，一次又一次的合作後，與客戶之間建立了默契和信任感，有了所謂的革命情感，便能形成長期的合作關係。

對東方的感覺，林石楠懷念的說，當時自己就像身處在一個大家庭裡，同事間的相處就像兄弟姊妹般，而老闆像極了大家長，時時勉勵，帶領大家一起打拚，很有溫馨的家庭氛圍。由於東方算是較為傳統的廣告公司，組織方式也依循以前模式，體系十分穩定，不像其他新興的公司，汰舊率高，沒有人情味。在東方裡，同仁是會互相支援的，就算提案失敗也不會立即遭到解雇，反而會編派其他人員協助，而且給予職員很大的創意發揮空間。在這樣的體系下，員工對公司產生強烈向心力，但也由於這樣的傳統，導致公司的組織就是一個蘿蔔一個坑，分工太細，缺乏創意激盪。

有一年，林石楠與另兩名同事極欲爭取「普騰電視」的廣告，普騰以雅痞的風格著稱，產品包裝充滿質感。但當時公司的廣告製作量已是飽和狀態，再無心力和人力去接下這筆生意，但林石楠不死心，他笑說也許因為當時還是年輕的單身漢，沒有家庭包袱，破釜沉舟義無反顧的要將這個好品牌引進公司。於是，僅有三人的工作團隊為節省回家的力氣與時間，在東方附近的旅館租下一間房，午休和下班時間就到這個小房間工作，這樣沒日沒夜的辛苦一個月，成功拿到了這支廣告的製作權。事隔多年，林石楠談及往事臉上依舊閃爍得意的笑容。

初生之犢的勇氣除了在業務外，林石楠還曾在一夜之間將整個辦公室從平和的原木顏色漆成冷調的黑色，只因為他想要公司是有設計感，是有個性的！由此可見，東方真的給予員工很大的創意發揮空間，而老闆和屬下之間的關係也是溫馨和樂的。

提起當時與公司同事之間的互動，董事長夫婦每天都很早就進公司，進公司的第一件事即是夫人剪報，而溫春雄在吸收這些訊息後，在每週一的早晨分析給全公司職員了解，這樣的舉動也許在今日是多此一舉，但在當時那個資訊不充分的年代，的確不失為一道可以看見外面世界的窗口。在離職後的幾年間，林石楠回去看過溫夫人，夫人不僅開心的和他寒暄，還秀出當時他在東方任職期間得獎的紀錄，滿滿一片牆將過去職員的紀錄完善的保存下來。林石楠和同事們，個個都有著難分難捨的革命情感，下班時他們會一起唱歌、彈吉他，在一陣放鬆娛樂過後，再繼續奮鬥。

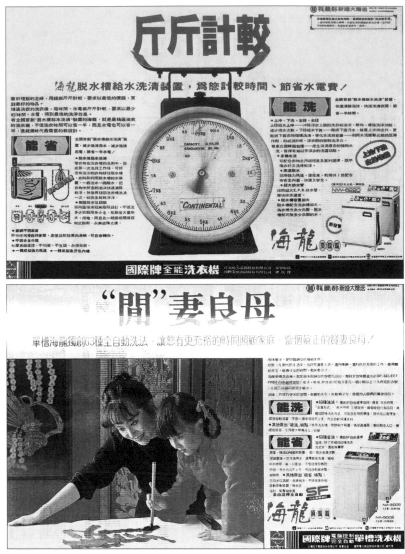

圖3.4.4 東方作品：海龍洗衣機廣告（1981）

在東方的十年裡，林石楠學到所謂好廣告的精神，即是在各方面都能處理完善，並能準確的撼動消費者的心！對他而言，廣告是非常有趣的，不需要看得太過嚴肅，而且作為一個設計家，需要有接受和包含的雅量。在廣告業待了很長一段時間，讓林石楠明白在忍受粹煉、羞辱過後，一切的事情都將迎刃而解，因此要能以開闊的胸襟和視野去面對一切不可能的挑戰。

離開東方後，林石楠還做過服裝設計，現在則從事文具設計，在後來的公司裡，他都能很快的融入新團隊中，並以有內涵的創意為目標，這是東方廣告給予他不同的視野觀察角度，並讓他在往後的設計生涯中能大放異彩。（撰稿：董珊如）

嚮往東方「終償宿願」
# 林虞生

出生年次：1951年
學歷：世新專校公關科
進入東方年次與年齡：1973年，22歲
在東方工作年數：5年
進入東方之前的工作：無
離開東方之後的工作：創辦「達志影像公司」

林虞生近照

林虞生出生於1951年，大學就讀世新專校的公關科，當時東方為百事可樂做全省的市場調查，並與各個大專院校廣告相關科系合作，而林虞生就在這次的市調中，與東方廣告公司有了第一次接觸，並且因為表現良好，當時的總經理黃宗鎧告知他，服完兵役即可到東方上班。

林虞生說，因為大學修習過相關的課程，因此對於廣告業一直相當憧憬，而當時能進入廣告界上班，就像今天能進入台積電上班一樣，是人人稱羨的工作，再加上當時的廣告產業已經有相當的規模，廣告並不等於「畫看板」，因此對於進入廣告公司更是充滿期待，尤其是由溫春雄帶領的東方在業界頗具盛名，讓他覺得能進入如此溫馨且夢寐以求的學習及工作環境，真是「終償宿願」。

回憶起1973年進入位於延平南路的東方廣告那段歲月，林虞生總是不斷的謙稱自己為「小卒」。從東方小員工的角度往上看，他說東方有一群很堅強的領導階層，董事長溫春雄留學日本，精通英、日語，非常有國際觀；總經理黃宗鎧則是台大經濟系畢業的高材生；而當時的兩位副總，黃奇鏘和張國雄則是負責東方廣告的兩大部門——媒體市調部和創意設計部，這兩位都是此領域的一時之選，黃奇鏘只要是與廣告相關的，樣樣都會，對於媒體也很有一套，是一位非常有實力的領導者，而張國雄在創意設計方面更是第一把交椅，對於下屬也十分照顧。當時的東方，在溫春雄大格局領導下，專才專用、分工合作，公司業務蓬勃發展。

進入東方時，林虞生隸屬於業務部，服務的客戶有富士軟片、歌林家電，而印象較深刻的活動則是當時歌林代理哥倫比亞唱

片所舉辦的金曲獎，一年一度全台灣巡迴的比賽，發掘了不少優秀歌手，也引起廣大的迴響，在當時是一場效果非常好的廣告宣傳活動。林虞生說，能參與這些活動讓他覺得非常有趣，也很高興自己能在這麼充滿挑戰但又好玩的環境中工作，因此在進入東方廣告的第一個月，即在東方對內發行的刊物《東方人》投稿，文章名為〈終償宿願〉，表示自己是多麼高興能在東方工作。

他說東方那時就像一個大家庭，董事長像是大家敬仰的父親，每個星期一的早會時，精通英日語的溫春雄，總會蒐集日本最新的行銷資訊或商業資訊解說給大家聽，有點像讀書會，董事長總是鼓勵大家要多接受新知，勇於挑戰自己，並且享受壓力，他最有名的一句話就是「沒錢、沒力、沒學問是做不了事」，而這樣的精神也就深植在每一個東方人的心中，而東方人的母親——董事長夫人溫林翠晶女士，她也精通英日語，平常就擔任董事長的秘書，為他打理一切，並負責蒐集各大報章雜誌的最新文章及資訊供溫春雄閱讀，總是做幕後工作的她，從不搶出風頭，默默地支持先生。林虞生說，一個成功男人的背後一定有一位賢能的妻子，而溫林翠晶女士則將這個角色扮演得淋漓盡致。

基於這份深厚情感，在東方一待就是五年，林虞生說，這五年間接觸過不少客戶，但經過三十多年後，讓他最難忘的還是溫春雄。雖然林虞生是一位小職員，平常不會和溫春雄有太多的接觸，但當時他每天七點半到公司時，董事長早就已經在公司閱讀各大報，包括英文和日文報紙，而受到溫春雄的影響，林虞生也開始努力學習日文，有時候在公司自修日文時，若董事長看到也會很主動地指導他，也因如此，林虞生在進入東方廣告第二年時，就通過了日語留學考試。而因為這項考試的認可，讓林虞生有機會與日本的影像公司接觸，造就現在的「達志影像公司」，總說一句：「溫春雄先生對我人生的影響實在太多了。」

離開東方後，林虞生在1978年成立了「達志影像公司」，在當時算是一項創舉，代理歐美最先進的正片影像，提供給國內的

圖3.4.5 東方作品：歌林彩色電視機廣告（1977）

廣告公司、設計公司、出版公司等，從一開始的創意商業影像，到國內外的新聞通訊影像，一步一步的將公司擴大，並且先後在廣州、上海、北京成立公司。林虞生說在創立公司時，溫先生對他的影響很大，大格局宏觀的理念、不斷挑戰自己的精神和獨立的做事態度，都是當時在東方廣告工作時所養成，而東方廣告各個領導人才不同的思考和做事模式，也帶給林虞生在創業時很大的啟發。

雖然已離開東方廣告近三十年了，但在東方的五年，可說是人生的精華，對一個剛出社會的新鮮人而言，能進入這家由溫春雄帶領的公司，一邊學習專業技能，一邊培養創業精神，真是太幸運了。林虞生表示，就是因為溫春雄所帶給東方人的做事態度與精神，東方才能在外商廣告公司進入台灣後，仍屹立不搖，成功的經營至今。（撰稿：林久惠）

做事求完美的廣告人
# 鐘有輝

出生年次：1946年

學歷：國立台灣師範大學畢業、日本國立筑波大學藝術研究所碩士

進入東方年次與年齡：1975年，29歲

在東方工作年數：1年半

進入東方之前的工作：無

離開東方之後的工作：現任台灣藝術大學版畫藝術研究所所長

現任台灣藝術大學版畫藝術研究所所長的鐘有輝於1975年進入東方，只待了短短一年半的時間。一年半的時間雖然不長，卻是鐘有輝人生中重要的一段時間。當年鐘有輝剛從台灣師範大學夜間部畢業，正因為他大學讀的是美術系，在學期間曾幫許多外商公司做設計工作，因此一畢業就在老師的引薦下，將自己的作品拿給當時東方副總經理張國雄過目，馬上得到了工作機會。

鐘有輝（1975）

即使學過廣告設計，但是對沒有廣告實務經驗的鐘有輝來說，這份工作並非立即上手。「很多做事的訣竅學校從來沒有教，我也是進入公司後才慢慢跟著前輩學習，或是慢慢摸索得知的。」他停頓了幾秒鐘，突然問道：「知道餅乾怎麼拍才會看起來很好吃嗎？」然後，自己又接著回答：「我還記得那時候我跟著攝影師一起去拍攝夾心餅乾的廣告照片，我不知道拍餅乾的訣竅，攝影師告訴我：『要讓夾心餅乾拍得看起來很好吃的話，可以在餅乾裡擠上一層厚厚的牙膏。』」他仔細地補充說明，牙膏的使用就是要讓餅乾的夾心看起來色澤飽滿。另外，夾心餅乾旁邊都要配上一杯牛奶，為了讓牛奶看起來很濃郁，在拍照時也要將顏料加進牛奶中調色，使兩者相得益彰。這就是鐘有輝所強調在實務上的學習，正是因為踏進了東方廣告公司，他才有機會在廣告的世界中一探究竟。

另一次讓鐘有輝印象深刻的拍照經驗是「國際牌電視機」的廣告拍攝，「那時候國際牌專門負責廣告的人非常有原則，我們都稱呼他作Omega。」「Omega做事非常講究，為了幫電視機拍攝DM，我們設置了家庭式的場景，Omega堅持電視機上一定要放一把西洋劍，他描述了西洋劍的外型，甚至連劍柄

上的花紋都一一描繪，然後請負責道具的人就算找遍台北市，也要找到一把相似的西洋劍！」說起這段三十年前的往事，鐘有輝的嘴角揚起笑容，就如他所說：「作為一個廣告人，做事都應要求完美。」這是他在東方廣告學到的做事態度，也是一生受用無窮的原則。

鐘有輝印象最深的一個廣告案例，就是溫春雄引進的「百事可樂」。「從來沒學過廣告原理、廣告學的我，第一次認識了『市場調查法』。」描述起第一次接觸市場調查，鐘有輝顯得精神奕奕、情緒高昂。他說「那時候百事可樂剛剛進入台灣市場，我們為了知道市場的接受度，就要實地到大街小巷請街坊鄰居來試喝，試喝之後告訴我們口感如何，是否太甜？味道好不好？」「不只是這樣，就連公司上上下下的同仁也都進行著試喝的調查。因為口感是很『個人的』，所以每個人喝完之後都要盡量仔細描述感覺如何，需要如何改良。」另外，市場調查後必須將數字量化，進行統計分析，運用科學的方式找出大眾喜愛的口味。鐘有輝強調，「我真的是第一次學習到這種調查方式！也才知道原來可以用這樣的方式來了解消費大眾的喜好。我記得那時候董事長交代這個案子要用心地做，因此，同事們都很賣力於市場調查。」另外，他也坦白的說；「說實在的，百事可樂案子的設計我倒沒什麼印象，不過，那次的市場調查應該是百事成功的品牌維繫相關者。」

提起了和董事長溫春雄的相處回憶，鐘有輝笑著表示，那時候的自己只是一個小職員，倒沒什麼機會和董事長相處。不過，他印象深刻的是，公司在早上七點半到八點之間的開會時間。「董事長都會在會議中說一些人生的道理，對我們訓話。我不知道其他人怎麼想，但是我自己常常被這些道理啟發。有的時候聽一聽，突然會有『就是這一句』的感覺，然後就被這句話給點醒了。這些話對於剛出社會的我可說是幫助非常大！」鐘有輝對於當年的「例行會議」以及「董事長的訓示」滿懷感激。

正因為在東方工作的經驗對鐘有輝的人生產生莫大助益，因此他非常鼓勵剛出社會、勇於挑戰的年輕人到廣告公司闖一闖。

他表示，東方廣告帶給他最大的啟發就是讓他了解「推銷自己」的重要性。「在東方的經驗讓我學習到該如何推銷產品，因而體會到推銷自己相當重要。後來離開東方，找尋其他工作時，我學會讓自己在千篇一律的履歷表中脫穎而出的方法，也就使得求職路更為順利。」現今從事教職的鐘有輝，也將當年領悟到的求職關鍵傳承給更多學生。

不僅如此，進入東方廣告公司的這份經驗也讓他培養出「機伶」的做事態度及處事原則。廣告業的緊湊性及變化性讓鐘有輝體悟到人生所必須擁有的「彈性」，面對一切的要求、變化，都要以靈活的思維及做事方式來應對。他說：「養成了機伶的態度，面對一切事情時，自然就會產生自己的一套解決機制。」

在東方廣告的一年半，也讓他這個社會新鮮人體驗到人際關係的重要。鐘有輝描述著當時的情形：「我們都是靠業務維繫和廠商的溝通橋樑，業務會告訴我們廠商的要求，然後我們照著廠商需求進行設計。有的時候廠商趕時間，但是我們卻無法及時交件，業務對廠商就沒辦法交代。因此，業務可能會『記仇』，之後碰上比較不趕時間的稿件時，就故意要我們一直修改。當然，有的時候也會因為三方溝通上的問題做很多白工。我了解到，若是自己可以做到，就盡量完成，不要讓業務難做人，這樣一來，彼此都可以配合得很好。」

對鐘有輝來說，雖然在東方工作只有短短一年半的時間，卻學習到一生都受用的準則，對他而言，東方不僅是個大家庭，更是培育人生寬廣視野的重要關鍵點。（撰稿：周品均）

第四章
廣告競爭期
（1976-1988）

## 第一節　逐漸展現生命力的台灣社會

1976年，蔣經國為接班而進行的十大建設陸續完工，世界經濟熱絡，台灣經濟也跟著欣欣向榮，國民所得提升。1988年，蔣經國去世，李登輝接任，兩蔣父子威權統治台灣三十四年終於結束，台灣步入另一個階段。

這段期間台灣社會不但經濟上呈現蓬勃與競爭，社會亦逐漸喧嘩，當民眾取得經濟能量時，接著就要求政治參與，這個階段台灣社會生命力逐漸釋放，黨外運動興起，台灣人逐漸向國民黨要求民主與尊嚴，雖仍有美麗島事件後逮捕行動帶來的肅殺之氣，但抵擋不了自由的洪流，自由也帶來失序，因此「自力救濟」成了這個時期的流行語。

在台灣廣告史上這個階段稱為「競爭期」，由於退出聯合國（1971）與台美斷交（1979）形成外交孤立，因此採取經貿自由化措施，鼓勵外商來台，外商廣告公司就在這個時期來台灣，展開與本土廣告公司的競爭，而許多本土廣告公司也陸續棄守，被外商併購。

這個時期台灣社會有如下的大事：

**1976**
◎蔣經國為接班而佈局的「十大建設」陸續完工；
◎廣播電視法實施，規定台語節目應逐年減少；但為宣傳需求，反共劇《寒流》仍改配台語在三台聯播。

**1977**
◎中壢事件：桃園縣長選舉，中壢市213投票所舞弊作票，被許信良監票員揪出，群眾燒毀警車包圍警局，軍警射殺二人，因隔年（1978）蔣經國要接任總統，所以情治單位沒有著手大舉抓人，仍由許信良就任縣長。

**1978**
◎蔣經國任總統，孫運璿出任行政院長，李登輝出任台北市長。

## 1979

◎台美斷交（1月1日），台美共同防禦條約亦在12月31日失效。4月1日美國簽署「台灣關係法」，確立與台灣非政府關係運作方式；

◎《美麗島》雜誌社在高雄遊行，以紀念世界人權日，引發衝突，是謂「美麗島事件」（12月10日），事後情治單位一方面大舉抓人，另方面文宣單位則宣傳「暴民持火把打人」，憲警「打不還手、罵不還口」。

## 1980

◎2月28日美麗島事件被告林義雄家發生血案，林母及女兒被殺，迄未破案；3月18日「美麗島軍法大審」，黃信介、施明德、陳菊、呂秀蓮、張俊宏、姚嘉文、林義雄、林弘宣等人被起訴；

◎消基會成立。

## 1981

◎曾任職東方廣告的陳定南當選宜蘭縣首位「黨外縣長」，該年省市議員及縣市長選舉，黨外人士得票率已達20%。

## 1982

◎中視播出《楚留香》，是港劇第一次在台播出，造成轟動。

## 1984

◎蔣經國當選總統，李登輝當選副總統；

◎十信弊案：台北第十信用合作社爆發違規，負責人蔡辰洲判刑十五年，經濟部長徐立德、財政部長陸潤康先後去職，這是蔣經國時代的黑金弊案。也因十信弊案使得蔡家所有的國泰建業廣告公司為免牽連，匆匆售予外商並更名「奧美廣告」。

## 1986

◎9月28日民進黨成立，當時尚為戒嚴時期，很多人在前往時均先寫了「遺書」放在家裡，成立地點為圓山飯店，11月10日在環亞飯店召開第一次全國代表會議，通過憲章、黨綱，選出江鵬堅為第一任黨主席；

◎第一部由國人設計的轎車，裕隆「飛羚101」上市；

◎10月31日台北動物園開幕，之前舉辦「動物搬家」活動，
　吸引民眾注意，台北動物園是很會促銷的政府機構，九〇年
　代的大象林旺、無尾熊、國王企鵝都造成風潮。

## 1987

◎解嚴：7月14日解除戒嚴，自1949年5月19日省主席陳誠
　宣佈戒嚴起，歷經三十八年，是全世界最長的戒嚴令；

◎10月15日開放民眾至中國探親；

◎反核四示威，核四從八〇年代的環保問題、經濟問題，演變
　至二十一世紀成政治問題，2000年大選後，陳水扁政府對
　核四「先廢再復」引發爭議；

◎因「大家樂」流行，愛國獎券於12月27日發行最後一期
　後，停止發售。

## 1988

◎1月1日報禁解除；

◎1月13日蔣經國去世，李登輝繼任總統，開啟為期十二年的
　李登輝時代；

◎五二〇農民運動，南部農民北上請願，與憲警衝突。

這段期間一個與廣告產業有牽連的政治事件是「十信事件」，
「十信」是指成立於1946年的台北市第十信用合作社，在當時
是台灣最大的信用合作社，擁有七萬餘存款客戶，存款總額高
達150億。十信理事會主席蔡辰洲是國民黨增額立法委員，在
立法院深耕經營，與十餘位立委關係良好並常在忠孝東路來來
大飯店（後改名喜來登）頂樓俱樂部聚會，被媒體稱為「十三
兄弟幫」。

蔡辰洲利用立委職權，先後假借其所經營的國泰塑料公司（簡
稱「國塑」）職工名義向十信貸取鉅款，作為國塑運用的資
金，掏空十信，致使周轉不靈。同時，蔡還以職工存款的手
法，吸金國塑數千名職工存款數十億元。

1984年弊案暴露，十信即發生擠兌風潮，國塑員工亦紛紛要
求提取自己的存款，公司無法應付，陷入破產，數千名存款者

紛紛組成自救會，到行政院、總統府請願；受十信影響，台灣許多以辦理職工存款吸收民資的企業，也相繼發生擠提存款風潮，當時最大的信託投資公司——國泰信託投資公司，在短時間內就被擠兌現金150億元。十信事件重創了國泰信託蔡萬春家族，但對蔡萬霖和蔡萬才兩支系並未有太大影響。此外，該事件導致部分工廠企業倒閉，整體經濟成長受挫。

政府為防止事態擴大，先後派銀行團接管了十信、國塑，蔡辰洲被判處徒刑十五年，而於1987年病死獄中。當年蔡辰洲死於獄中，民間傳言頗多，有謂蔡辰洲買通獄方，以替死方式瓜代潛逃出獄，顯示民間對當時司法並不信任。而國民黨秘書長蔣彥士因與該案有牽連被免職，經濟部長徐立德、財政部長陸潤康也先後去職。十信案是蔣經國時代的黑金事件，2000年政黨輪替後，國民黨與部分民眾、媒體懷念蔣經國，說當時沒有官商勾結的黑金現象，事實上這只是「政治神話」。

十信事件對廣告產業的影響是，為避免波及，蔡家將國泰建業廣告公司售予外商，成了現在的「奧美廣告」。

在社會與經濟方面，1979年個人電腦被引進台灣，奠定並造就台灣成為世界著名的電腦王國。當時並不稱之為個人電腦而是叫微電腦（micro-computer），微電腦在美國有三大廠牌：Radio Shack、PET與Apple II，而第一個引進台灣的就是Radio Shack。

引進Radio Shack是台北市重慶南路一位經營事務機器的商人羅慶松，他原先是販賣打字機，由於打字機競爭激烈，因此就思索如何打開新局，後來他成立匯通電腦公司引進美國微電腦的第一品牌Radio Shack，並在全省招募一些想創業的年輕人加入銷售工作，1979年底全省的經銷網成立，台中有金勝電腦公司，嘉義有先傑電腦公司，台南有伏羲電腦公司，高雄有頂正電腦公司，這些公司成了台灣電腦業的尖兵。

第一批引進的微電腦叫Radio Shack TRS-80 Level I，這部電腦的配備有一部十二吋的黑白螢幕，一個沒有數字鍵只有如同一般打字機的鍵盤，而主機板則藏在鍵盤內，主機板採用8-

bit的Z-80 CPU，有4K的RAM與4K的ROM，其系統語言是BASIC，BASIC就燒在ROM內；它沒有磁碟機，存取資料是一部卡式錄音機，資料就儲存在卡式錄音帶中，當要找資料時，就必須把錄音帶倒帶到起頭點，然後按下PLAY鍵，要儲存資料則按下RECORD鍵。這部現在聽來有點可笑的電腦，在當時的售價則一點也不好笑，它一部賣五萬元！而當時大學生剛畢業的起薪才只有六千元。

第一批進台灣的Radio Shack TRS-80，在當時有很多大學及廠商購買，對台灣電腦知識的啟蒙確有不可抹滅的貢獻。但帶動台灣自行製造電腦，則是政府的一項陰錯陽差的政策。1981年起，由於電動玩具泛濫，都市中的餐飲店、玩樂場充斥「小蜜蜂」、「小精靈」，讓中小學生流連其中，家長與民代開始抱怨與質詢，因此政府就大力掃蕩電動玩具。

當時的電動玩具製造廠商驟然面臨政策的改變，只好思索轉型，而Apple II電腦由於主機板構造簡單，提供多樣的電玩程式，而且有彩色功能，因此這些電玩廠商開始仿製Apple II，早期的Apple II只有一個內附主機板的鍵盤，並沒有螢幕，螢幕可以透過轉換器使用家中的電視，或是另外購買一個彩色螢幕，這個彩色電視通常是由電動玩具拆下來的「廢物」再利用。台灣就這樣顛顛簸簸的走向電腦王國之路。

女性機車的流行也是八○年代經濟大事，也有社會學的意義。五○年代摩托車是奢侈品，只有有錢人家才可能擁有，六○年代機車開始普及，成了都會上班族的工具，七○年代台灣已成機車密度最高的國家，而機車也不再是男人的玩具或交通工具，七○年代後期、八○年代初期台灣女生也開始騎機車。

女生騎機車主要是社會變遷的影響，有了就業機會，因上班需要與所得提升，機車就成了必須，另方面機車廠商也看好女性市場，因此由日本或歐洲引進女性機車車款在台製造，加上大量廣告的催化，使得女性機車在短時間大量普及。

八○年代初期的女性機車係以取代腳踏車為訴求，因此必須重量輕、好推好停又好騎，而且只要會騎腳踏車就會騎女性機

圖4.1.1 東方作品：鈴木機車廣告Ⅰ（1966）

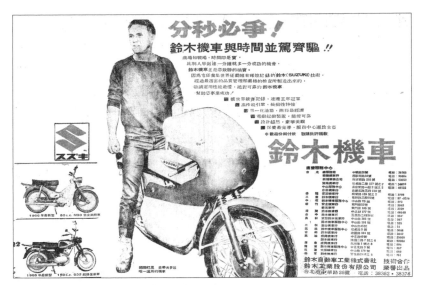

圖4.1.2 東方作品：鈴木機車廣告Ⅱ（1966）

車。當時著名的品牌有歐系的百吉50，以及日系的光陽良伴、山葉跑速樂，為避免女性跨坐尷尬，跑速樂還開發可以讓女性騎者膝併膝、腳併腳的踏板設計，還命名為「使您美」。

女性機車也有社會學的意義，它打破男性專用迷思，跨越性別界線，另方面因有了機車，使得女性工作範圍可以延伸，夜間行動也成了可能，女性的行動半徑無形中延伸了數公里，出門再也不用仰賴先生或其他男性親人載，女性獨立性也獲得解放。

## 第二節　外商進入台灣廣告市場

八〇年代台灣經濟持續成長，廣告公司家數逐漸增多，至1989年統計，台北市廣告公會會員數已達172家，而八〇年代中期以後，政府為因應外交挫敗而採取經貿自由化策略，對外資服務業採逐步開放政策，外商廣告公司陸續進入台灣，導致台灣廣告代理業者產業生態不變。

台灣廣告的發展，可簡略的分為1987年解嚴前後兩個階段，之前由於報禁與廣電媒體管制，廣告主、代理業和媒體三者間處於不對等的關係，媒體最為強勢，廣告代理業最為弱勢。解

嚴後報禁解除與廣電媒體頻道釋出，外商廣告公司進入台灣，改變廣告主、代理業和媒體的不對等關係。

1987年外國投資服務業的限制逐步開放，於是國際廣告代理正式進入台灣。國際廣告代理與台灣代理商簽約合資經營，始自1985年第一家合資廣告公司奧美（Oglivy & Mather）正式核准成立，至1989年就有17家合資廣告公司加入市場。

國際廣告代理商來台，主要是美商廣告公司的全球行銷策略，台灣被視為一個新興且富潛力的市場，國際化和自由化的速度快，每年廣告的成長量大，民眾消費能力高，而1987年解嚴後，報紙、雜誌、電視、廣播等四大媒體開放，廣告空間大增，潛力無窮。

當時中國「改革開放」，逐漸形成世界加工廠與廉價市場，吸引跨國企業前往發展「掏金」，而台灣是外商進入中國市場的跳板，外商的「台灣經驗」可複製為「中國經驗」，因此跨國廣告集團紛紛跟進。此外，台灣政府法令開放，是亞洲國家中少數允許外資百分之十擁有公司的國家，也不限制資金進出，對外商更具吸引力。

基於以上的因素，在政府解嚴之後，跨國廣告集團即陸續來台，分食廣告業大餅。這些跨國大型廣告公司挾國際網絡、專業知識及雄厚資本，陸續來台經營廣告事業，或獨資成立新公司（如李奧貝納廣告公司），或購買本地廣告公司（如上奇、凱諾），或與本土資金合作方式創設新公司（諸如伊登、奧美、華威葛瑞、上通等等）。世界排名前十大的廣告公司陸續進駐台灣，為國內廣告代理業帶來強烈衝擊，而跨國廣告集團對台灣廣告市場的影響持續擴張，外商廣告公司仰賴母公司的訓練、先進知識與專業經驗，以及因母公司的國際業務轉移（international network transfer），在台灣廣告代理業中佔有主導地位，至1992年止已控制了百分之六十的市場比例。

外商進入台灣廣告市場大都採先與本地公司合資，再逐步兼併的美式企業併購方式，第一家通過經濟部投資審議委員會核可的外資廣告公司是奧美（O&M），1982年先與國泰建業廣告

公司合作，1984年通過外資審議，1985年奧美先持股份40%，並將公司改名為奧美，國泰建業消失，外資再逐年增加持股比例。

麥肯（McCann-Erickson）也是，1982年與聯廣子公司聯中廣告合作，1987年麥肯持股70%，1991年聯中更名麥肯，1993年外商100%持股[20]。李奧貝納（Leo Burnett）1987年進入台灣，因在母國服務寶鹼（P&G），因此寶鹼與南僑化工合併，李奧貝納因此也兼併了南僑化工的House Agency南聲傳播。

這段期間進入的外商尚有寶傑（Bozell）、智威湯遜（J.W. Thompson）、上奇（Saatchi-Saatchi）、達彼思（Bates）、靈獅（Lintas）、葛瑞（Grey）與日商電通。華威與葛瑞合作是本土公司中最成功的例子，雖然公司更名華威葛瑞，但葛瑞的持股一直維持25%，郭承豐仍掌有公司的主導權。

其餘與外商合資的公司就沒有這麼幸運，「合資公司今日的老闆，就是明日的伙計」[21]，外商透過國際網絡轉移，即在母國服務哪些客戶，海外子公司也要服務這些客戶的概念，不但可以鯨吞本土廣告公司，亦可蠶食外商廣告主，英商聯合利華（Unilever）投資國聯，因此靈獅成立亦可接手國聯廣告；智威湯遜（JWT）在美國代理福特，而台灣福特原本由聯廣代理，賓主合作良好，但智威湯遜成立，台灣福特必須隨之轉移，聯廣唯一能做的是舉辦盛大「惜別酒會」歡送客戶。[22]

外商廣告公司對台灣廣告市場的影響，主要是「量」的購買思考。選擇電視時段必須有收視率依據，電視廣告效果評估也回歸收視率，加上電視廣告購買「以量制價」，這些「量」的思維也改變了台灣廣告市場生態。

此外，外商引進了4A組織亦改變了台灣廣告代理商的生態，以往在台北市廣告代理商業同業公會中，各會員間平等，無所謂「大漢」、「細漢」之分，但4A的引進無形中使得4A會員在廣告代理商中高人一等。

4A的全名是The Association of Accredited Advertising

[20] 外商持股變化，參考自陳宇卿（2001）〈跨國廣告集團在發展中國家的擴張〉，郭良文編《台灣的廣告擴張》，頁40-42，台北：學富。

[21] 賴東明語，見李海（1996）《打開廣告之庫》，頁171，台北：商周。

[22] 李海（1996）《打開廣告之庫》，頁172-173，台北：商周。

Agents，中文名稱為「綜合廣告業經營者聯誼會」，後更名為「台北市廣告業經營人協會」。要加入4A有一些限制，創辦初期的會員資格載明必須和三台兩報有正式往來資格，會計由會計師簽證，年營業額1億以上，至少10名客戶，不得為House Agency，及廣告公司股份部分或全部不為客戶所持有，該客戶之營業額不得超過總營業額的20％。從這些嚴格的條件，可以發現4A名稱之所以用「Accredited」一字的原因。4A創設於1987年7月1日，迄今仍運作良好，我國重要的廣告公司均為4A會員。

外商進入台灣，改變了廣告代理商生態，更改變了台灣廣告市場的經營，許多本土廣告公司認為不敵，負責人紛紛將股權售予外商，自己從「老闆」變為「伙計」。做為台灣第一家廣告代理商的東方廣告公司，董事長溫林翠晶卻說，東方與外商談「合作」可以，談「合併」不必，溫林董事長堅持自主經營與維護家族榮譽，令人感動。

## 第三節  開放報禁與電視廣告成長

這個時期媒體最重要的大事是1988年的報禁解除。所謂「報禁」指的是官方的「限證」、「限張」、「限印」，以及同業間的「限價」協議。

「限證」是政府不准新報登記取得發行許可證，新報要發行必須購買舊報的發行許可證，如此形成報紙的寡頭市場，當年《經濟日報》的創刊就是買了《公論報》的發行許可證、《民生報》的創刊就是買了《華報》的發行許可證；「限張」指的是各報發行張數一致，除了元旦、國慶日與10月31日蔣介石生日統一增張外，各報均不得任意增張；「限印」指發行許可證登記的社址在那裡，印刷廠就在那裡，報社不得在外地自行增設印刷廠，此措施使得早期在南部都要到上午十時才能看到《徵信新聞》或《聯合報》。

1988年報禁解除，當年1至3月新登記的報紙，除原有的報紙

圖4.3.1 東方作品：「愛富力麥粉」廣告（1980）
獲第三屆時報廣告獎食品飲料類金牌獎

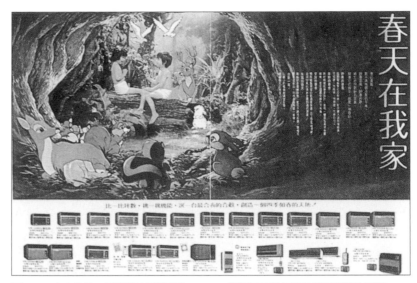

圖4.3.2 東方作品：國際牌冷氣機廣告(1980)，獲第三屆時報廣告獎電器類金牌獎

申請增設南部版外，新增的報紙就有：自立早報、中國晨報、全民時報、閩台日報、亞洲時報、聯合晚報、閩南日報、台灣立報、交通報、前鋒新聞報、太平洋日報、財經日報、超然日報、大同時報、國光日報、台灣論壇報、大成報、海峽時報、世界論壇報、兒童日報、東北日報、太陽報。

這些取得執照的報紙，絕大部分是尚未創刊就宣告停擺，有誕生且在九○年代發揮影響力的報紙是《自立早報》、《大成報》、《聯合晚報》、《中時晚報》，而至2006年尚存在者，僅有《台灣立報》、《聯合晚報》。23

有新報誕生，亦有舊報死亡，報禁期間的三大晚報除《自立晚報》外，《大華晚報》、《民族晚報》均宣告停刊；而軍方報紙《青年戰士報》也提早於1984年易名《青年日報》，以轉型面對競爭。

電視廣告自電視開播以來，每年度的廣告量均呈現正成長，三台也享受了廣告所帶來的巨大收益。電視廣告的榮景，一直延續至第三個十年（1982-1991），但受經濟景氣影響，電視廣告的成長也第一次顯現挫折；而因進口商品大量輸入，電視廣告商品類型也產生變化。

由於國民所得持續增加，汽車、錄放影機等高級消費品廣告激

23 見《動腦》第130輯，頁23。

增，加上政府執行「自由化、國際化」政策，更使外國品牌的食品、百貨等大量進口。此外，電影市場競爭激烈、房地產業隨經濟的起飛，廣告量亦大幅提升。但1985年由於整體經濟景氣低迷，台灣的廣告量首次呈現負成長，其中電視媒體負成長1.48%，也是電視事業二十五年來成長中的首次挫折。

1986、1987年，台灣對外貿易急遽成長，外匯存底節節上升，在政府推動經濟自由化、鼓勵進口的情況下，進口商品大量輸入。進口商品引進國內市場後，必須投入大量廣告預算拓展市場、促銷產品，而國貨業者眼見外商入侵，無不竭力投入，廣告市場的戰國時代於焉形成。原本競爭就十分激烈的建築業、百貨業，此時也託播大量廣告，1988、1989年隨著關稅降低、新台幣升值及政府鼓勵進口等因素，使國內廣告市場產生變化——進口商品增加、房地產景氣，促成食品、飲料、汽車、房地產的廣告量持續成長；廣告商品增加，訴求階層愈漸寬廣，各種新聞節目、資訊節目及外國影集越來越受歡迎，廣告投資越來越重視節目品質及收視率。

除了經濟因素的影響之外，長期以來，台灣傳播媒體產業的發展，受到政治、社會等各方面的限制也極大，不過在政經結構日漸開放與反對勢力興起的影響下，台灣的傳播媒體產業在八○年代末期開始產生巨大變化。1987年解除戒嚴，使得傳播媒體的經營轉趨自由化；在電視媒體方面，長期由三台寡佔市場的現象，漸漸受到媒體市場開放的挑戰。而為因應時代變遷、政策的轉變，三家電視台對於廣告的經營作業，紛紛提出新設計與制度，三台既競爭又合作。

這段期間是老三台（台視、中視、華視）最後的輝煌歲月，單月單薪、雙月雙薪，而且業務毫無風險，以不動產抵押、店保、押空白支票方式箝制廣告代理商，電視廣告利潤大部分（百分之八十）歸電視台，百分之二十才歸代理商，但廣告代理商卻要負擔百分之百的帳款責任，極不公平。

九○年代以後，衛星與有線電視興起，老三台的收視率與廣告佔有量年年下降，至2000年有線與無線的廣告量已成80：20之比，加上台視售予民間、中視股票上市、華視併入公廣集

團，老三台往日輝煌歲月已不堪回首。

## 第四節　意氣風發的東方

1976至1988年在台灣廣告產業發展史屬「競爭期」，連年出超，經濟繁榮，國民所得跳躍式成長，廣告產業已臻成熟，而東方廣告公司在這個階段也意氣風發。

1976年由於業務擴增，東方遷址台北市懷寧街一一〇號六樓；1977年中國文化大學成立中華學術院廣告研究所，溫春雄擔任榮譽職的副所長；1978年公司資本額增加為新台幣500萬元；1981年溫春雄榮獲行政院新聞局頒發「創立廣告事業」勳獎，當年並投資喜客來股份有限公司新台幣1,000萬元，開創台灣第一家的日系連鎖餐廳「芳鄰」（Skylark），這一年東方員工加入勞工保險。

1983年公司資本額增加為新台幣1,000萬元，這一年溫春雄風塵僕僕，到韓國參加第十四屆亞洲廣告會議，到日本參加第二十九屆世界廣告會議；1985年東方與日本東急國際廣告公司簽訂業務合作；1986年公司資本額再增加為新台幣2,000萬元，購置並遷入台北市信義路四段三〇六號七樓（250坪）；

圖4.4.1　芳鄰餐廳（1978）　資料來源：東方廣告公司提供

1987年公司資本額增加為新台幣3,000萬元; 1988年針對國內需求，發展出台灣第一個消費趨勢與消費者生活型態調查（ICP）。

這段期間東方連年獲獎，1978年《經濟日報》的「金橋獎」與《中國時報》的「時報廣告設計獎」同時誕生，這兩個廣告獎項是報業競爭下的產物。七〇年代兩報系競爭激烈，互誇報份，1977年6月1日《聯合報》報導其發行量超過60萬份，《中國時報》即於10月1日公布其發行量為63萬份，1978年5月9日《中國時報》又公布其發行量突破71萬份24。沒有客觀公正的稽核數據，只是兩報自行公布的數字遊戲。 1978年5月8日《經濟日報》公布舉辦報紙廣告金橋獎，隔日（即5月9日）《中國時報》隨即公布舉辦時報廣告設計獎，兩報較勁意味濃厚。

金橋獎設立宗旨是「服務工商界，提高報紙廣告設計水準，獎勵優良廣告作品」，參賽作品為1977年7月1日至1978年4月30日之間在報紙刊登過之廣告，獎項分為三類：第一類「最佳創意獎」，第一名廣告公司獨得大型金橋獎乙座及獎金五萬元，第二名廣告公司獨得中型金橋獎乙座及獎金三萬元，第三名廣告公司獨得小型金橋獎乙座及獎金二萬元；另佳作獎十名，各發獎牌一面與獎金一萬元。第二類為「最佳美工獎」，第三類為「最佳文案獎」，獎金與獎別均同第一類的最佳創意獎。

評審委員來自學界與業界，第一屆評審委員有王鍊登（師大美術系教授）、王超光（中華民國美術設計協會創辦人）、沈國仁（國立藝專美工科主任）、吳道良（中華民國工業設計及包裝中心董事長）、林宗男（文化學院講師）、洪良浩（哈佛企管公司總經理）、郎靜山（中華民國攝影學會理事長）、郭承豐（華威廣告公司總經理）、曾坤明（大同工學院工業設計系主任）、董培誠（產品攝影及黑白彩色沖印專家）、賴東明（《動腦月刊》發行人）、劉毅志（東海大學教授）、劉會梁（文化學院教授）、賴一輝（《動腦月刊》作者）、蕭汝淮（銘傳商專商業設計科主任）、顏水龍（實踐家專美術工藝科主任）、顧獻樑（清

圖4.4.2 第一屆「金橋獎」獎座（1978）
資料來源：東方廣告公司提供

24 見《動腦》第13輯，頁10，1978年7月1日出版。

圖 4.4.3 東方作品：歌林彩色電視機，榮獲第一屆報紙廣告設計「金橋獎」（1978）

華大學教授）等十七名。金橋獎共舉辦四次，至1981年停辦。

金橋獎於1978年5月8日公布在先，時報廣告設計獎5月9日緊接公布於後，甚至為搶先評審，時報的評審日期訂為5月27日至28日，比金橋獎的6月12日至13日提前。參賽作品限定為1977年5月10日至1978年5月9日在報紙或雜誌刊登之廣告均可報名，作品規格不得小於半五批，或32開全頁，獎項分為評審獎與票選獎。

第一屆時報廣告設計獎聘請之評審委員有王大閎（建築師）、

徐佳士（政大文理學院院長）、莊仲仁（台大心理系教授）、張任飛（《婦女雜誌》發行人）、張煦華（文化學院新聞系主任）、張國雄（東方廣告公司副總經理）、聶光炎（舞台燈光設計家）、顏伯勤（廣告學教授）、藍蔭鼎（中華電視台董事長）。

第一屆東方得獎作品是票選獎優等的國際牌電化製品與國際牌電唱機；東方作品歌林彩色電視機則榮獲《經濟日報》第一屆報紙廣告設計金橋獎。

接著1979年迄今，東方幾乎年年都得獎，在這些得獎作品中應該一提的是1982年東方為省政府農林廳所作的「水果促銷系列」廣告，該作品榮獲第五屆時報廣告金像獎最佳報紙類金牌獎。

這是政府第一次以商業方式進行政府廣告，自有其歷史意義。當年李登輝主持省政，余玉賢擔任農林廳長，鑑於5月至7月水果盛產期所引起的產銷不平衡問題，農林廳決定以廣告方式來鼓勵民眾多吃水果，廣告預算500萬元，含報紙刊登與電視插播，經比稿結果，由東方廣告公司得案，當時負責此案的是黃奇鏘與何清輝。

黃奇鏘當時接受《動腦》訪問，談及策略形成表示，五種水果

圖4.4.4 溫春雄接受李登輝頒發第五屆時報廣告金像獎最佳報紙類金獎（1982）

（荔枝、香蕉、芒果、楊桃和柑橘），500萬元的廣告預算，如果五種水果聯合起來做廣告，在預算分配上，比較好運用。可是如此將變成什錦水果，廣告會變得沒有特色，而且各種水果產期不同，所以必須每種水果分開單獨廣告，可是如此一來，扣掉SP及調查等費用，平均下來每一種水果只有不到100萬元的預算，因此決定只利用報紙和電視兩種媒體，預算如各分一半，只有四十多萬元，所以報紙版面不能太大，最多只能用全十批，電視為了能夠增加出現的次數，也只能做十秒的插播。

在廣告的表現方面，因為水果的外形色彩鮮豔，為了引起消費者的注意，決定採用盡量接近實物大小的彩色水果圖片，但當時水果都還沒有上市，只好用手工繪圖，沒想到效果比照片還好，所以在正式刊出時，這些色彩鮮豔的水果都是用手工繪製出來的。在構圖上，每一種水果廣告都相同，外框採用與水果相近的顏色，希望讓消費者有一個系列感，能夠發揮相乘的廣告效果。25

整個創意策略是以「名人」代言的方式，黃奇鏘表示在聽完農林廳的簡報後，直覺就想到唐代楊貴妃愛吃荔枝的故事，立刻有了「楊貴妃的遺憾！」這樣的標題。而省政府也建議不妨邀請歌仔戲的當紅演員楊麗花，當時楊麗花不但在電視極受歡迎，也因主持省政府的巡迴公演，與省府互動良好，東方於是想到由楊麗花代言楊桃，「楊麗花的祕密！——麗質花顏，來自楊桃的滋潤」。

因有「楊」麗花與「楊」桃的聯想，因此後來追加的鳳梨代言人就想到當時紅歌星鳳飛飛，徵得鳳飛飛的同意後，「鳳飛飛的心裡！——只惦記著甜蜜蜜的台灣鳳梨」稿子產生了。

由於以女性影歌星為代言人，因此香蕉的廣告就想到與香蕉英文名Banana諧音的歌星包娜娜，於是有了「包娜娜的誘惑！——Banana婀娜身段、誘人的果香，來一根吧！現在吃，正是時候！」。

至於芒果，由於民間將芒果影射為一種男性不雅的疾病，因此

25 引自黃奇鏘〈受人矚目的國產水果廣告〉，《動腦》第61輯，頁10，1982年7月。

圖4.4.5 東方作品：農林廳水果系列廣告（1982）

無法使用女性影歌星代言，所以用了較傳統的標題「滿室生香大檬果（芒果）」、「難忘的『香』土滋味」。而原訂的柑橘廣告，因柑橘為冬季水果，廣告時間與生產季節不對，所以改為葡萄，葡萄很容易聯想到當時紅歌星陳蘭麗的「葡萄成熟時，我一定回來」，所以標題用了「陳蘭麗的等待！──又是『葡萄成熟時』，現在吃，正是時候！」。

除了以水果與影歌星的形象連結作訴求外，這系列的廣告還加入了促銷觀念，對水果吃法的有獎徵答，以及「新鮮話題」的小專欄，介紹水果的新吃法。

政府廣告的新觀念引起媒體話題效果，黃奇鏘說整個廣告活動從5月25日開始，先在《中國時報》刊出了第一個荔枝廣告「楊貴妃的遺憾！」後兩天，輿論便開始有了反應，高雄的《民眾日報》27日刊了一個附有漫畫的專欄「國產荔枝柳腰款

擺，進口蘋果大驚失色」，接著28日《聯合報》地方公論專欄以「余玉賢的傑作」為題對農林廳大加讚揚。隨著鳳梨、芒果、香蕉廣告一個個的推出，各方面的讚揚與批評便陸續不斷，《民生報》的家庭消費與戶外生活和《聯合報》的萬象版以大版面的專題報導，《中國時報》在社論和副刊裡，讚譽農林廳的做法。國內的幾家著名雜誌，如：時報雜誌、時報周刊、聯合月刊、環球經濟、天下雜誌、實業世界、雄獅月刊、興農月刊等，幾乎都有專文或短評予以報導，造成了一股水果廣告的熱潮。[26]

民間帶動了政府廣告的創新，二十一世紀的農委會已不只推銷水果，畜產（如CAS推動）、水產（如台灣鯛）、甚至花卉都是農委會推廣的對象。2005年農委會與華航合作，將蝴蝶蘭彩繪華航飛機上，飛上天空；而2006年華航彩繪則是台灣水果，二十餘年間政府的努力是值得肯定的，而打響第一炮則是東方的創意。

當年東方意氣風發，精彩作品源源不絕，除農林廳的水果廣告外，也幫忙蔣經國政府進行施政宣傳，1976年蔣經國為接班而進行的十大建設次第完成，隔年的台灣光復節特別擴大慶祝，便透過東方廣告在報紙上刊登全頁廣告宣傳，「十項建設次第完成 國計民生均蒙福澤」、「慶台灣光復 看經建成果」，附上十大建設照片，以標題強調建設對台灣經建的貢獻與助益，例如用「百鍊已成鋼」、「石化工業聳入雲霄」、「蘇澳港勝景天成」、「造船已有良好開端」等文字描述各個建設，一方面加強政治宣導，展現「大有為」的政府氣魄，另一方面則藉此提振民心士氣，期待由公共建設完成，帶動全國交通與經貿開發，開創出新的契機。

在民生消費用品廣告方面，1977年東方引進百事可樂，掀起外來與本土飲料大戰，刺激本土的飲品重新包裝與調整定位，讓台灣民眾有機會接觸更多元的飲食文化，吸收美式速食文化，與世界流行接軌。

百事可樂在東方廣告創辦人溫春雄引進下，於1977年搶進台灣飲料市場，而鮮明的美式消費文化，也為台灣退出聯合國、面

[26] 引自黃奇鏘〈受人矚目的國產水果廣告〉，《動腦》第61輯，頁13，1982年7月。

臨台美即將斷交低迷的氣氛，注入了一股新鮮感，彷彿可樂略帶刺激的氣泡口味，可讓人精神一振，讓人忘掉外交的挫折。

百事可樂在台灣引爆新的廣告與行銷模式，首創集瓶蓋裡的膠片，可以參加抽獎與換彩色貼布的行銷活動，獎品包括免費招待100名環遊寶島5天、40多萬瓶大贈飲等，報紙廣告中的小女孩穿著美式無袖背心與牛仔褲，T恤上貼滿將送出的彩色貼布，貼布上印有百事可樂的Logo、Love、Have A Nice Day英文美術字樣，或是比出勝利手勢、西洋貓、微笑番茄等十足洋味的圖案，充分符合當時台灣人崇洋、傾羨美式生活的期待。此外，百事可樂也曾推出世界各種動物瓶蓋圖案，如斑馬、大象，老虎、海豹等，豐富多彩滿足小孩子求知欲與喜歡炫耀的好奇心。

蒐集瓶蓋以參加抽獎或換獎品的活動方式，在台灣盛行一時，尤其當時過國民生活水準逐漸提高，但仍崇尚勤儉持家，透過喝飲料蒐集瓶蓋，不僅是一種生活樂趣，也巧妙滿足一般人渴望擁有舶來品的心態，甚至好運的話還能因此全家出遊，並將換來的彩色貼紙作為衣服或是居家的裝飾，可說一舉數得。

為配合台灣辦桌文化與餐飲習慣，百事可樂更推出大瓶裝，「皆大歡喜，賓主盡歡！」以廟會大拜拜後擺桌乾杯為主要訴求，試圖將洋可樂融入在地生活，強調「經濟實惠，最划算！」，

圖4.4.6 東方作品：百事可樂廣告I（1972）

圖4.4.7 東方作品：百事可樂廣告II（1972）

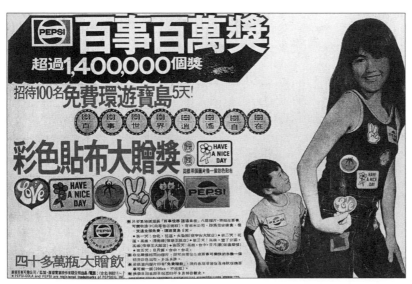

圖4.4.8 東方作品：百事可樂廣告III（1972）

結合傳統文化的廣告與新容量的創意引起極大的迴響，也讓百事可樂的形象與熱鬧的民間飲宴活動巧妙融合。

更應該一提的是，當年世界足球王比利訪華，台灣的百事可樂代理商特別邀請其合作造勢，百事可樂氣勢衝上高點，也可以看到東方早年在議題行銷與運動行銷的功力。

此外，東方為光陽機車打造的廣告，展開了台灣機車史的新紀錄，光陽機車走進了尋常人家，再也不像偉士牌是紳士的專屬，當時機車不只是台灣人的交通工具，也是生財器具，而滿街騎機車的景象至今仍是台灣文化代表之一。

1976年推出「光陽實力100」新款，外型粗獷主打男性市場，當時廣告主要訴求「進步的光陽——整個引擎保證2年6萬公里不要修理費」、「喜歡中低速有力的朋友，請買這種車——」、「懂得節省的朋友，請買這種車——」、「怕修理保養麻煩的朋友，請買這種車——」，耐久、耐用、安全的品質深受當時消費者青睞，成為許多家庭全家出遊的主要代步工具，一家三、四口，爸媽夾帶著小孩共乘一部機車的畫面，是許多人童年溫馨的回憶。

機車的普及與當時台灣產業環境及交通建設有關，除台北市外，台灣都市大眾運輸系統均不方便，因此通勤上班都需仰賴機車，此外當時外銷旺盛勞力密集，加上小型企業、工廠林立，機車成了交通與輕便運輸的工具，許多家庭都擁有機車，上下班時間放眼望去街頭都是機車。

1979年光陽更鎖定女性族群推出「光陽良伴50」，「好美！好美！」的廣告標語清楚凸顯其訴求，除了機車外型比過去的款式少了陽剛味，車前更貼心的裝設菜籃，完全從女性的實用與需求角度出發，將美觀與實用結合一體。廣告強調「時髦、新穎、不冒黑煙、不滴黑油」、「乾乾淨淨、美麗大方」等，加上當時50c.c.機踏車不用路考、不用踩離合器換檔，只要輕轉油門便可上路，一推出果然引爆女性流行風，在大街小巷、都市鄉村到處可見。

當時50c.c.的機車中，每三台就有兩台是「光陽良伴50」，市

圖4.4.9 東方作品：「光陽良伴50」廣告（1980）

圖4.4.10 東方作品：光陽機車廣告（1977）

佔率高達七成，年輕女性將其視為新潮、自主的象徵。女生騎機車主要是社會變遷的影響，當年婦女教育普及，台灣轉向外貿導向，外銷工廠紛紛設立，需要更多勞動人口，於是婦女大量投入就業市場，加上大量廣告的催化，使得女性機車在短時間內暴增。而隨著女性機車騎士增加，廠商也開始請女明星代言，例如鳳飛飛、鄧麗君、翁倩玉、江霞、劉藍溪等都曾代言小機車，讓硬梆梆的機車增添美感，成為當時廣告的一種特色。

而海龍洗衣機則是另一個代表婦女角色轉變的商品。國際牌當時推出強調能洗能省的新機款，以「『閒』妻良母」口號置入新的家庭生活觀，聲稱「單槽海龍的63種全自動洗法，讓您有更充裕的時間照顧家庭，當個真正的賢妻良母！」此一廣告訴求成功贏得職業婦女的共鳴，洗衣機扮演為投入職場婦女分勞解憂的角色，也象徵婦女角色的轉變，跳脫過去刻苦耐勞、操持繁忙家務的「阿信」形象，取而代之的是彷彿廣告圖片中的優雅、有餘裕時間陪伴小孩成長，一同悠遊藝文空間的現代化典範。

東方在海龍洗衣機「斤斤計較」廣告上，將洗衣機與理財、省電省水的觀念做了巧妙結合，勤儉持家、斤斤計較每一分錢的支出，成為成功的主婦美德之一。廣告除凸顯洗衣機技術的演

圖4.4.11 東方作品：海龍洗衣機廣告（1984）

進所帶來的便利性，可促進家庭生活更圓滿與愉快之外，「五代同堂」廣告，全家圍著曾祖母懷抱孫子的愉悅畫面，將其與省電、省水、省錢論述加以結合，打破舊有的婦女應當辛勤操持家務的價值觀，並成功形塑自動化家電能為家庭帶來幸福的想像，深具社會學上的意義。

八〇年代台灣外匯存底持續攀升，民眾所得年年上升，當社會富裕後，人民要的不再是基本的溫飽，而是越來越重視休閒生活。加上1979年政府開放出國觀光，國人至國外旅遊的風氣越來越盛，富士彩色軟片緊抓時代趨勢，透過電視廣告打響知名度，成功開拓台灣的軟相片市場。

富士軟片在東方的創意發想下，設計出「色彩就是富士」、「紀錄就是富士」、「歡樂就是富士」響亮口號，在當時男女老少皆可朗朗上口，將富士軟片飽滿鮮豔的色彩，與歡樂的休閒時光巧妙結合，讓消費者旅遊時拍照留念，就想到富士軟片。富士軟片也曾邀請幾位剛出道的明星為其代言，並搭配歡唱熱舞的廣告歌曲，吸引年輕人的模仿與競相傳唱。

富士軟片廣告象徵台灣走向另一個時代──在為生活奔波之餘，台灣人逐漸懂得過生活。

懂得過生活的要件之一是「追求健康」，飲料不應該是又甜又

膩，要喝就要喝「運動飲料」，運動飲料的出現象徵台灣民眾富裕之後開始關注健康。

東方的運動飲料客戶是生活飲料，1987年台灣飲料界展開一陣「比大小」的競賽。繼前一年寶健375搶先上市後，生活400運動飲料於8月緊隨出擊，在容量上突破舊有的規格（由350c.c.變成400c.c.），大膽創新，將台灣飲料界帶入戰國時期。

舒跑運動飲料可算是台灣運動飲料的龍頭，其在1985年將傳統的鋁箔包350c.c.容量改為380c.c.，然後以增加容量提高成本為由實施漲價後，同時推出以拉環獎及強力廣告等促銷方式，成為運動飲料的霸主。但生活飲料以一支400c.c.的運動飲料，乃至後來再加大成500c.c.容量的包裝，異軍突起，造就工廠24小時不停工、貨車徹夜排班、業務面臨經銷商乞求式或恐嚇式的要貨，盛況空前。

生活飲料從1987到1988年底，僅花廣告費用1800多萬便把品牌炒紅。在東方廣告的巧思下，金士傑以默劇般造型演出的「馬拉松篇」電視廣告，讓人印象深刻，而商品創新的包裝與價格策略，充分掌握消費者「貪小便宜」的人性弱點。加上廣告的獨特風格，影片精簡卻展現出運動員「路遙知馬力」、差一點便失之千里的逗趣效果，客戶的商品創意加上廣告代理商的巧思，生活飲料藉由「25c.c.」的小動作，讓小兵立了大功。

生活運動飲料的成功，造就後續的生活紅茶系列的成功。當時社會流行泡沫紅茶，一夕間出現許多賣泡沫紅茶的飲料店，泡沫紅茶是八〇年代中期新興的流行飲料，也成就鋁箔包紅茶市場的開拓，鋁箔包的第一代泡沫紅茶因此誕生，再創生活飲料家族的另一個高峰。

為了與運動飲料粗獷的男性味區隔，生活紅茶系列改以女性柔性、浪漫為主要行銷訴求，因此取名「蘇格蘭」、「英格蘭」，並以美麗的歐美女性作為包裝圖案，充滿歐洲憧憬，與傳統中國茶與日本茶有明顯的區隔，廣受年輕女孩喜愛，引爆新的飲

圖4.4.12　東方作品：富士軟片廣告I（1987）

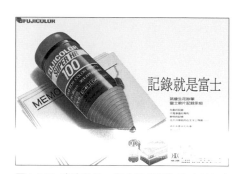

圖4.4.13　東方作品：富士軟片廣告II（1987）

圖4.4.14　東方作品：富士軟片廣告III（1987）

圖4.4.15 東方作品：生活400和「蘇格蘭」鋁箔包紅茶包裝（1987）

茶風潮，喝茶不再是過去傳統、多規矩、熱呼呼的形象，轉變成可以輕鬆、隨時享用的清涼飲品，而加入異國情調，更將飲茶習慣增添不少優雅、有品味的想像。

生活400與鋁箔包紅茶改變了飲料市場由碳酸飲料獨霸的局面，台灣人逐漸增加了買「水」的支出。

此外，在這個階段，東方對廣告業界最主要貢獻是創辦了E-ICP。

1988年東方針對國內需求，發展出台灣第一個消費趨勢與消費者生活型態調查（ICP）。1999年ICP更新作業系統改為Windows版，並命名為E-ICP，E即東方廣告的英文Eastern簡稱，並建立E-ICP東方消費者行銷資料庫網站，方便使用者查詢。2000年創立iSURVEY東方線上股份有限公司，提供大中華地區消費者研究、消費市場資訊分析網站。

ICP的前身是太一的DICP，1986年太一廣告公司開辦「太一廣告公司行銷企劃分析系統」（DICP: Dik-Ocean Creative Planning System）調查。DICP系統共涵蓋五十三類商品，有零食、沖泡食品、飲料、調味及佐餐食品、洗劑、女性專用品、家電製品、汽機車、廚具、嬰兒專用品、鐘錶照相器材及其他日用品共十八項商品。透過DICP系統可迅速的查詢商品的消費行為資料及商品使用者的家庭背景資料。這項調查與一般市場調查最大的不同處在於除了可以反映市場調查資料外，還可以作系統模擬，能有效得知設定之目標群的各項行為。DICP由於投資龐大，後來由東方廣告公司承接，先改名為ICP，再改名為E-ICP至今。

E-ICP是東方廣告對業界的重大貢獻，E-ICP不但做為業者分析市場與消費者行為的參考，更累積了台灣社會變遷資料，記錄台灣人觀念、消費型態的軌跡。

## 第五節　承先啟後的東方人

初出茅廬就設計「可口奶滋」包裝

# 林靜美

出生年次：1955年

學歷：私立台南家政專科學校美工科

進入東方年次與年齡：1976年，21歲

在東方工作年數：2-3年

進入東方之前的工作：無

離開東方之後的工作：林靜美珠寶設計

1976年，還在台南家專（現改制為台南科技大學）美工科唸書的林靜美就錄取進入東方，林靜美很謙虛的說：「那時候東方廣告在南部設有辦事處，專門服務可口企業及光陽機車等客戶，我非常榮幸經由考試進入東方，可能當時南部人才很少吧，所以我在學時就很幸運地考進了！」提起當年印象最為深刻的客戶，林靜美面露微笑的說，「可口奶滋」的包裝都是她設計的，當時的手稿至今都還留著呢！

林靜美（1976）

當時東方南部辦事處僅有五位工作人員，設計部當初只有林靜美一人、三位AE以及一位會計人員，林靜美提及當時自己必須應付三位AE高手，工作壓力真的很大！但林靜美感念，那時北部同仁常南下支援，雖然壓力大，但是可以學習的東西實在太多，能踏入東方，林靜美有說不完的感激！

雖然在東方僅有二、三年的光陰，林靜美說：「我非常喜歡東方，當時北部的同仁都會南下支援，他們真的都很優秀！」林靜美學習的走向是比較偏向純藝術，但因為家庭因素而有所轉折，因此當從純藝術轉到設計時，壓力倍增，尤其進入東方後，每天都必須尋找靈感，但經過三年的磨練，這樣的工作氛圍重新讓她在設計領域有重大突破，尤其純藝術的硬底子在廣告設計上的確對她幫助甚大！

談起與可口的合作經驗，當時的競爭對手有國華廣告，必須經過比稿階段，林靜美形容那是很過癮的競爭過程，在她生命歷程中佔有重要的關鍵。她回憶起「可口奶滋」在當時是非常有氣質的餅乾，覺得自己很幸運，能在東方與優秀的高手共事，

圖4.5.1 東方廣告公司員工旅遊南北會合於草嶺（1975）

同事沒有嫌棄她的生嫩，令她感到非常幸福。在東方奮鬥的一切，包括可口提案、比稿、暗夜裡趕圖、拚案子等過程，至今回憶起來仍令林靜美熱情起勁，認為是生命中不可抹滅的紀錄！

林靜美回憶，東方每年都有一次員工旅遊，南北員工會合後一起出遊，包括JOJO以及林石楠（石頭）等人，都令林靜美難忘！林靜美提到自己是比較害羞內向的人，但當時學廣告的人都很熱情、愛要寶，這的確帶給她很大的喜樂！當時的長官張國銘處事非常細膩，同事JOJO、林石楠、曾垂銜都是好朋友，那時東方就像一個和樂的大家庭。說起最想感謝的同事有侯榮惠及曾垂銜，侯榮惠在當年是很強的AE，人很好且常常鼓勵她，後來他們又在同一家貿易公司共事三年，而曾垂銜就是非常溫柔體貼的同事。林靜美相信即使再經過二、三十年的歲月洗鍊，當年那種感情也不會消失。

當初，林靜美一心想到北部開拓視野，但若要從南部辦事處轉調到北部的總公司是比較困難的，因此她只好離開東方廣告公司南部辦事處，而到台北從事商業攝影工作，之後又到日本唸書，回國後便在永漢教授日文。

提及老闆娘「Madam」，林靜美印象深刻，她說「Madam」是個非常有氣質、講話很溫柔的老闆娘，且讓林靜美很感動的

是，她仍記得林靜美。回國後林靜美曾經到東方推廣珍珠，「Madam」那時候希望她可以回東方擔任日文翻譯工作，因為東方當時的客戶有日本電通，但林靜美已選擇自行創業，只好回絕了「Madam」的好意。

1989年，林靜美選擇了最艱辛的創業路程，她說：「創業真的不是開玩笑的，創業需要學習的東西更多、更廣。」過去在東方的經驗為她打下良好的底子及機會，後來又到日本唸書深造，回台後林靜美的創業與教書過程是重疊的，回首當時雖然推廣珍珠待遇較佳，但林靜美始終不敢貿然放棄教職工作，因為當時的她急需經濟支援，因此選擇每週一三五到學校教日文、二四六就做珍珠推廣，而公司正式成立則是在1992年，直到珍珠推廣工作較為穩定之後，她才真正放棄教職。

回首創業這條路，林靜美說，每天工作十八小時是必要的，因為房租要錢、員工薪資要錢，一個月的開銷就要三十萬，包括銀行貸款等等，那時的她還需兼顧家庭與事業，凡事都得自己來，這樣的刻苦精神在這位初生之犢不畏虎的小女子身上一一可見，如今的創業成功也是林靜美一路含著眼淚所辛苦努力經營的成果。

林靜美始終相信在東方的經歷對其日後創業有很大的幫助，包括精準的珠寶設計以及日本人盡本份的精神，這些都是東方賦予她的寶貴資產。她再一次提及，「東方是我非常喜歡的公司，而且又是台灣最元老的廣告公司，我非常榮幸第一份工作在東方，一提及東方廣告大家都耳熟能詳，我覺得這是我人生踏出去最成功的一步。」林靜美說廣告人就是要有熱情、積極、希望及愛，這樣人家才會去購買你的產品。任何商品都必須要有愛和熱情，並將這樣的元素設計傳達出來。

初出茅廬就可以踏入最頂尖的公司，讓林靜美有很大的揮灑空間，且北部同仁的支援情誼，讓她備感溫馨，她說東方是造就她今天事業的一把重要鑰匙，東方給她百分之九十五的人生精華，但她給予東方的大概只有百分之五！可以與當時食品龍頭「可口奶滋」合作，且可口奶滋包裝沿用至今，是林靜美感到與有榮焉的最大幸福。（撰稿：廖文華）

圖4.5.2 東方作品：可口奶滋廣告（1988）

跟著多桑學廣告
# 溫肇東

出生年次：1951年

學歷：美國壬色列理工學院都市與環境研究博士

進入東方年次與年齡：1977年，26歲

在東方工作年數：1年半

進入東方之前的工作：東海大學企管系講師（與東方工作同時）

離開東方之後的工作：南聯國際貿易公司行銷企劃副理、喜客來股份有限公司產品開發企劃經理／總經理、現任國立政治大學科技管理研究所教授

溫肇東近照

對溫肇東來說，東方廣告公司不只是職業生涯中短短的一年半，而是一輩子的緣分。

因為父親溫春雄的緣故，溫肇東當年還在讀大學時，就已經利用暑假跟著父親在東方實習。父子倆每天一同走路去上班，大約二十五分鐘的路程成為父子間溝通的最好時光。溫肇東說他那一世代的人由於父親受日式教育，也可能因為忙碌或是彼此觀念的差異，很少有良好的溝通，能一同吃吃飯、看看電視、說說話算是不錯了，很少父子之間有較深入想法的討論交流。但是每天走路上班的時間裡，自己卻可以和父親傾聽彼此的想法、相互交換意見，「相較之下，我和父親之間的溝通很良好。」

在拿到美國羅徹斯特大學企業管理研究所碩士學位回台後，溫肇東在東海大學擔任講師，同時也在東方廣告公司上班，一面投身教職，一面也利用在實務界的機會實地運用所學。星期一到星期三在東方上班，星期四到星期六則在東海教書，溫肇東笑稱：「其實我並不算是東方廣告『全職』的員工。」

來到東方的他常常隨著許多廣告業務東奔西跑，負責扮演廣告公司與廠商之間的溝通橋樑。讓他印象很深刻的是，當年負責愛迪達的業務時，愛迪達的廣告負責人就是著名的鄉土文學家黃春明，兩人曾就愛迪達的廣告手冊有過創意的交換和討論。

對於東方七〇年代在百事可樂行銷上取得卓越的成績，溫肇東也投入其中，他實地參與了百事可樂的市場調查，並看著父親如何一步步打開百事可樂市場。溫肇東認為，百事可樂的銷售

數字能在短時間之內打敗可口可樂的關鍵之一，即是父親溫春雄的「領導風範」。他描述當時父親的工作情況，「我父親常常隨著鋪貨的人一同到各個雜貨店，親自示範如何『有技巧的』將百事可樂放置在最顯眼的位置、怎麼將可口可樂移開或是把醬油擺到後面的位置，讓消費者很快的看到百事可樂。」不僅如此，「父親就連到外面餐廳吃飯，看到餐廳沒有販售百事可樂就會馬上離開，不在那裡用餐。」至於家中呢？「當然好一陣子是不可能出現可口可樂！」

溫春雄除了親自參與鋪貨外，也贊助國際青年商會所有活動。「那時候在青商會辦的所有活動上，都可以看到一箱一箱的百事可樂，大家喝的都是百事可樂。」溫肇東認為，這樣的方式也做了不少無形的廣告。運用各種方式做廣告也是百事可樂之所以能成功的原因。

在東方工作一年半後，溫肇東抱著想要多向外學習、見識的心情，離開了東方。他說「父親雖然感到有些無奈，倒也沒有特別反對。」在下一個公司南聯擔任總經理特別助理時，負責的是市場行銷部分，也正好可以運用在東方學到的實務經驗。

溫肇東離開東方後，也和東方維繫緊密關係。八○年代，東方有意朝國際化發展，溫肇東協助公司與外國廣告公司進行協商談判。而2004年的東方廣告公司與日本JR東日本企劃業務，在東京車站與山手線合作舉辦的台灣觀光局日本地區國際宣傳系列活動之前，溫肇東也參與公司和JR東日本合作的拜會。他表示，「如果我的外語能力可以幫得上公司的忙，我會盡量幫忙。」

這一年半的「東方經驗」對溫肇東而言代表的意義為何？他一陣沉默，想了想後回答：「就是吸收很多行銷與廣告方面的養分吧！」

溫肇東曾將父親溫春雄比擬為「前瞻性創意家」。在他眼中的父親不僅擁有創意，更是具有前瞻性。「所以有的時候也會衝得太快、做得太早了！」他舉了父親早年經營「毛皂王」為例，「那時候還沒有洗衣粉，我父親賣的是類似洗衣粉但沒有

圖4.5.3 東方作品：日本旅遊廣告（1978）

那麼精細，就好像將肥皂刨絲的產品，」「他雖然看準了市場先機，卻不懂得市場行銷，也因此父親決定成立廣告公司『搞好行銷』。」儘管在1959年，台灣都還沒有電視機的情況下，父親就以比他人快速的思維與腳步，成立了台灣第一家廣告公司，而那時候親戚都還以為廣告公司是畫招牌的行業。

溫肇東表示，父親是個相當積極吸取新知的人，除了書籍之外，家中固定訂有日本的報章雜誌，讓他隨時可以接收到許多新的訊息，刺激更多不同的想法。「我父親讀了日文版的《三國志》、《水滸傳》之類的書後，還特地在公司與員工分享。」另外，溫肇東也提到由於父親時常有很多新穎的點子及想法，那時候「台南幫」的朋友及青商會的人也特別喜歡來找他聊天，聽聽他具前瞻性的思維觀點。

溫肇東從小目睹父親溫春雄好客以及廣交朋友的個性，逢年過節家中高朋滿座，他說：「母親每年過年都要為此親自準備好幾桌的菜，還必須要分好幾『攤』請客人吃飯。」除此之外，溫春雄也會因職務上的需要在家接待客人，然而，更令人驚奇的是，甚至有「美軍」光臨家中。來到家中的美軍客人，竟然是當年溫春雄在日本擔任麥克阿瑟軍團翻譯工作時所結交的朋友，溫春雄對朋友重情重義，友誼也就細水長流。（撰稿：周品均）

從AE經驗體會「分析事情的方法」
# 陳正孟

出生年次：1957年

學歷：中國文化大學勞工研究所

進入東方年次與年齡：1982年，25歲

在東方工作年數：2年

進入東方之前的工作：清華廣告、國際工商

離開東方之後的工作：富士台灣區總代理恆昶公司協理

陳正孟出生於1957年，輔仁大學社會學系畢業後，繼續攻讀
中國文化大學勞工研究所碩士學位。之後因具社會系背景而進
入清華廣告公司服務，擔任市場調查工作。隔年離開清華，前
往國際工商，仍繼續市場調查的工作。1982年初進入東方廣
告公司，1984年因當兵服役而離開。1986年又回到廣告界，
進入麥肯。有人說，廣告圈待了一段時間，就會自然而然轉進
產業，陳正孟亦不例外，後來他進入富士恆昶，負責廣告、公
關及發言人等工作。

陳正孟（1982）

一口氣細數完自己經歷後的陳正孟，開始娓娓道來在東方的大
小事。一開始進入東方時，是為了補一個市場調查的職缺，但
後來原要離職的人決定繼續留在那個職位，便只好被轉派成處
理業務接觸客戶的AE。陳正孟提到當年的廣告生態與現今的
廣告生態已大大不同，例如他現在所負責的公共關係領域即是
二十年前所沒有的，而從前的AE與現今的AE工作當然也有
極大的差異，以前的AE只需要進行聯絡的工作，做好廣告公
司與客戶之間的橋樑，協調業務；但那個年代既沒有網路，也
沒有手機，有的只是自己的一雙腿，基本訣竅是要跑得勤。

擔任AE一職，與客戶之間的關係十分重要，首要任務是建立
客戶對廣告公司的依賴。當時的職務內容以每天到客戶公司一
一確認工作為主，聽起來簡單但其實不是這麼一回事，AE不
能一味的接工作，必須審視這份工作的內容以及指定完成的時
間，若不在公司能力所及的範圍裡，就得巧妙的推辭；但也不
能一直推託，不然會影響公司的營收。

除了這個左右為難的考題外，AE還會面臨另一個兩難的情

況。在廣告公司與客戶之間，AE是名符其實的夾心餅乾；面對客戶時，必須站在廣告公司的立場進行接觸，但一回到廣告公司，便成了站在客戶的角度要求廣告公司，也因為這樣常會與公司裡的創意部門有所衝突。對於這樣的難題，陳正孟提醒要小心拿捏，對雙方都要有適當的建議，而做這份工作的人絕對不可以「死腦筋」。

說到本土與外商廣告公司之間的差異，陳正孟認為最大的不同在於外商廣告公司注重教育訓練，每個外商廣告公司都有一套自己的理論、廣告哲學。但陳正孟也提及，外行人看廣告業者常掛在嘴邊的「定位」、「理性或感性訴求」等等，總是覺得霧裡看花，其實說穿了一切都只是廣告遊戲，而且廣告是時尚潮流的產物，若想知道當今的流行語言，利用廣告進行內容分析、歸類，將不失為一個好方法。

在東方與董事長溫春雄大婦相處的回憶，陳正孟仍印象深刻。在董事長尚未中風之前，每個星期一早上都有例行週會，溫春雄會將週末在家看電視、閱讀雜誌刊物所吸收到的廣告相關資訊對員工進行演說，內容雖然實用精采，但公司裡的同仁總是一窩子的擠在後排的座位，只有陳正孟願意坐第一排，同事們便常開玩笑地提醒他，坐第一排的要記得帶雨傘，因為溫先生演講起來總是非常忘我。

有一次，公司舉辦員工旅遊，遊覽車在途經新竹時，停靠一所民營休息站。下車休息的溫春雄意外發現，在休息站停靠的旅客都會購買方便、不需等待的米粉與貢丸湯充飢；他便將這份發現咀嚼後，於星期一週會發表他的體認，原來休息站也是同樣講求速度，這與溫春雄對速食餐廳、連鎖餐廳所秉持的經營哲學相同。

當年溫春雄引進連鎖餐飲業，並且創立了芳鄰餐廳，他所提出的「QSCVA」理論，即是「Quality, Service, Clean, Value, Atmosphere」的簡稱。而芳鄰餐廳除了將店長制落實發揮外，還使顧客進門時的問候語「歡迎光臨」傳統流傳至今。芳鄰餐廳的成功，引領了連鎖餐廳的創業行動，當年無論是麥當勞、肯德基或是7-11連鎖商店等經營管理者，都曾向芳鄰餐

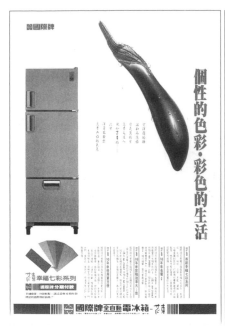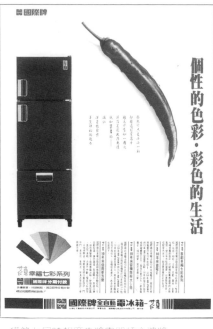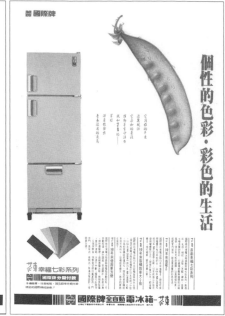

圖454 東方作品：國際牌電冰箱廣告（1984），獲第七屆時報廣告獎電器類金牌獎

廳請教過管理經驗以及成功的方法。

陳正孟也提到了對董事長夫人溫林翠晶女士的記憶。出身霧峰林家望族的老闆娘，除了智慧還兼具外貌，即使上了年紀仍保持令人稱羨的身材，對員工也很具親和力。每次公司參加重大比稿前，董事長夫人都會找人一起到十八王公廟求神、祈福；曾有一次假日，他在家休息，突然接到電話，便背負起「第一次開自排車就開福特千里馬」的艱鉅任務，帶溫林女士到廟裡拜拜，事後因此被同事取笑「乖乖待在家裡反而有事」，不過如今回想起來倒是一次十分難忘的經驗。

在東方任職的日子，讓陳正孟體會到廣告公司就好似一所社會大學，工作中接觸到的層面非常廣泛，也學到了許多做事的方法與人際關係的經營；每一件新工作都像是一份家庭功課，必須從頭去思考。陳正孟說工作不僅要揣摩上意，還得常常測試客戶，而在這些經驗中所體會出的一套「分析事情的方法」，對他影響至深。（撰稿：高鈺純）

以東方的經驗創業
# 黃清山

出生年次：1958年
學歷：台北工專電子工程科系
進入東方年次與年齡：1984年，26歲
在東方工作年數：12年
進入東方之前的工作：然美廣告、成吉思汗廣告、國威廣告
離開東方之後的工作：創辦「百禾文化」

黃清山（1984）

人生充滿了各種過程，黃清山回想起剛從工專畢業時的青澀，剛進入廣告業的無拘無束，一直到開創屬於自己事業的現在，每個階段的經驗都可以互相傳承、延續。而在東方的十二個年頭，有歡笑、汗水、無厘頭和說也說不完的經驗。

黃清山出生於1958年，畢業於台北工專電子工程科系。1984年進入東方，一待便是十二年。在當時的環境下，廣告業是一個相當活潑且無拘束的行業，令許多人嚮往、投入。剛畢業的黃清山因為對於業務工作與人際互動有興趣，於是選擇了廣告業作為工作的開始。

一開始藉由報紙刊登的徵人廣告找到博藝廣告的工作，當時博藝出版許多跟廣告相關的刊物，引發了黃清山利用閒暇之餘自學的興趣，並確定自己未來的目標是朝向廣告業發展。黃清山後來待過然美廣告、成吉思汗以及國威廣告，中間還有一段時間曾經到中廣的音樂節目——羅小雲主持的「知音時間」工作過，最後在以前同事的引薦下進入東方。黃清山笑說，在東方之前的廣告公司其實都沒有待很久，因為年輕，總覺得自己想要看得更多、學得更多。所以後期自己在當主管用人的時候，不太喜歡用剛從學校出來或剛退伍的，因這些人在剛入行時的第一年到第三年之間穩定性最差，自己當時就有深刻體驗了。

黃清山說，東方是一間具有相當規模的廣告公司，以國內廣告公司營業額排名，東方一直都在十名之內，就可以看出東方廣告在當時廣告界的地位。東方不但規模大且有制度、組織，給予員工的訓練也相當積極紮實。除了公司專為員工舉辦的演講課程或者是與廣告產業相關的訓練課程，公司管理員工的方法讓黃清山印象最深刻的便是每週一的週會。公司成員像小學生

一般的聚集在一起，主管會在台上進行檢討或說明公司未來的目標與方向。董事長溫春雄也會到場，儘管身體已經不太好，董事長還是會參與週會，有時向大家說說話、勉勵一番。在黃清山眼中，溫春雄是位了不起的決策者，雖然生活態度拘謹，但對於未來產業的流動走向很有前瞻性，例如當時董事長引進連鎖速食店——芳鄰餐廳，並率先採用中央廚房的概念，在當時民風尚未完全開放的台灣，董事長就已經看到未來發展的契機，走在時代的前端。

擔任業務工作，十二年間黃清山從一個小AE爬升到業務部主任，到離職之前黃清山的頭銜是業務總監兼任公關及事件部門。黃清山認為，業務像是整個廣告企劃裡的靈魂人物，除了要進行決策、擬定廣告策略外，還要整合資源。但是他也提到，早期廣告產業比較單純且客戶多為傳統產業，本土客戶很多，像是農產品、電器、汽車等，只要幫客戶做廣告策略的擬定、廣告媒體的購買執行，單向的傳播就可以滿足客戶。但是到後期，業務、創意和行銷三個部門的服務已經不能滿足客戶，於是他向公司提出整合傳播的概念，建議成立公關及事件部門，除廣告策略外，再加上議題及公關運用，以服務客戶。

在廣告公司裡，因為不想放棄任何爭取客戶的機會，所以比稿是司空見慣的事情，三天兩頭就要舉行動腦會議。開會的時候

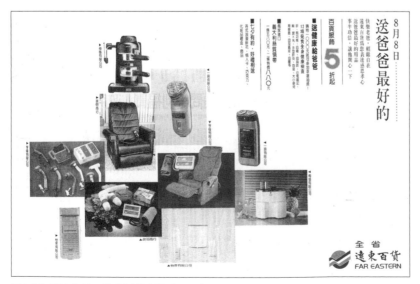

圖4.5.5 東方作品：遠東百貨公司（1993）

總是會出現一些天馬行空或者很勁爆的idea，無論如何，整個team會有一個明確的方向，並且試著擬出最適合客戶的策略。黃清山說，「策略沒有好與壞，精不精確比較重要。」在跟客戶聯繫時，也需要不斷的確認與溝通，才不會造成雙方誤解。黃清山回憶當他的下屬與客戶有不愉快時，他一定跟他的下屬直接去找客戶面對面談，利用電話或其他管道解釋只會越描越黑，當面談不但可以讓客戶瞭解我們的誠懇，也可以藉此觀察客戶的反應跟動作來決定下一步要怎麼處理。

在邁入四十歲時，黃清山覺得該是時候退出廣告業，除了因為年齡關係，讓黃清山覺得不能再像年輕人一樣衝到業務第一線，另外一個原因是體認到該去創造一個屬於自己的事業了。於是黃清山離開東方，創辦「百禾文化」，為中西文教育影音影片代理發行。

在東方的十二年裡，黃清山每天上班前都會花半個小時看當天報紙，熟悉媒體的走向，並掌握媒體的需求，這個習慣一直保持到現在。他說，要當業務，個性一定要比較縝密，不能大喇喇的，思路要很清楚。而對於資源的整合更是要下功夫，「要清楚誰是可以下決定的人，」黃清山強調。在東方這十幾年，黃清山學到的不只是個案的經驗、工作的積極態度，還有資源整合運用的技巧、上下層關係流動的掌握。這些在現在的出版工作上也可以運用得到，包括怎麼樣的外包可以將自己的產品成本壓到最低，卻能保有相當的品質，比如要推廣一系列兒童口吃矯正影片，他知道應該去找誰合作，找誰背書，用什麼管道來進行行銷，甚至用免費贈送的方式到各小學先打響公司知名度。這些行銷、業務的邏輯概念都是在東方的十幾年裡累積下來的，除了本身的努力外，公司的栽培與訓練也功不可沒。

黃清山說當年許多在廣告業裡一同奮戰的同事們，至今在各行各業裡都有屬於自己的成就，比如第一家台灣連鎖咖啡店——丹堤咖啡創辦人、我家牛排的經營者都是之前的同事。他們這些老同事一直到現在還會利用空餘時間聚一聚，除了聊聊過去外，還有對於自己未來人生的展望與期盼。（撰稿：楊喻淳）

在東方學會「一句話打出去就打到重點」

# 楊義英

出生年次：1957年

學歷：文化大學新聞系畢業

進入東方年次與年齡：1987年，30歲

在東方工作年數：5-6年

進入東方之前的工作：國際工商

離開東方之後的工作：現自營咖啡店

楊義英畢業於文化大學新聞學系，於1987年進入東方，前後二進二出共在東方服務了五、六年。在進入東方之前，曾服務於國際工商，擔任企劃創意、企劃撰文的工作。

楊義英近照

第一次離開東方，曾到過其他廣告公司任職，而第二次離開東方便南下台中，到東信電訊服務。楊義英說，自己在台北出生、在台北唸書，三十年來都生活在台北，當時想換換環境，便毅然決然向這個城市道別。

後來楊義英的弟弟前往大陸投資事業，她即回台北協助經營弟弟位在景美的咖啡店，並於隔年接手。就在離開台中的十天後，中部就發生了九二一集集大地震，讓楊義英感嘆生命的無常，也慶幸自己的命大。這十年下來的咖啡店經營路，雖有甘甜趣事，但也因個人身體情況，無法配合開店所需的體力及久站，而一直很辛苦地走著。

近年已完全脫離廣告圈的楊義英，仍偶爾會懷念以前的工作。她提到以前的工作雖然辛苦，但一直倚靠著「成就感」來支撐。在東方的專戶部門任職時，曾有一次參加比稿，那陣子天天加班，直到提案的前一天半夜才終於完成，連proposal都還是趕著印出來、熱騰騰的；原來只是想回家洗個澡就要出門提案，卻不小心睡著且睡過了頭，匆匆忙忙趕到現場後，因身體不適與一直沒有進水，上了台便愈報告愈覺口乾舌燥，一度以為自己就要暈過去了；但一份意志力支撐著她，她邊講邊用自己的一隻手拉住另一隻手，終於完成整份提案。下了台，竟有人稱讚：「妳講得真是感人，連聲音都變了。」連日來的辛苦都因這份賞識而得到無比的成就感。

另外，有一次摔傷在家休養，看到電視廣告裡有個女生正俐落的在做簡報，頓時覺得心裡千頭萬緒，很懷念上班、提案的日子，於是希望自己趕快復原，可以馬上回到工作崗位。

當初進入東方，是由侯榮惠引薦的，進入公司後，楊義英擔任相對輕鬆的中階主管。公司裡工作氣氛愉快，同事們常常下班後一起聚餐，期間也發生許多好玩趣事，像是有客戶到公司來，要拿鑰匙開會議室的時候，大家就會幽默的說：「人客來了，緊去拿鑰匙開房間囉！」現在回想起來仍然趣味不減。

楊義英回想當年東方廣告公司有很多的大客戶，因此也成立了許多專戶部門。有一次楊義英服務的台灣松下要提分離式冷氣的案子，日本松下公司的人員也前來參加，但因語言上的隔閡，提案內容不是得請人協助翻譯，就必須一看立即明瞭。到了現場，楊義英看到一位先生正好把報紙全開後上下對折閱讀，剎那間茅塞頓開，於是在向日本人提案時，就帶著一張報紙並現場上下對折；什麼都還來不及多說，日本主管即在台下點頭如搗蒜，非常滿意。原來，報紙對折之後恰好是一台分離式冷氣的大小，而報紙本身又是輕質的物品，這恰好解釋了分離式冷氣強調的「小而輕巧」功能，這次的簡報令楊義英終身難忘，也是一次極為成功的提案。

在楊義英印象中，在一次的時報廣告金像獎，三十件入圍作品中，有三分之二都是她所帶領部門的作品，只可惜後來未能摘下金牌獎。雖然那次成了遺珠，但並沒有因此就放過贏取金牌獎的機會。有一年即以一項公益作品摘下冠軍，一系列三張的平面廣告，內容講述當地球面臨乾枯時，僅存的最後一滴水一定是「眼淚」。

楊義英也提到當時與董事長溫春雄之間的互動，雖然平時少有接觸，但溫先生對公司每位員工都記得很清楚。唯一一次的交談發生在電梯裡，溫春雄突然指著楊義英，用台語說：「妳，真漂亮！」驚訝之餘，一旁的溫夫人立刻幽默的開玩笑道：「妳是來了多久？怎麼胖這麼多！」讓楊義英既是不好意思卻又受寵若驚。

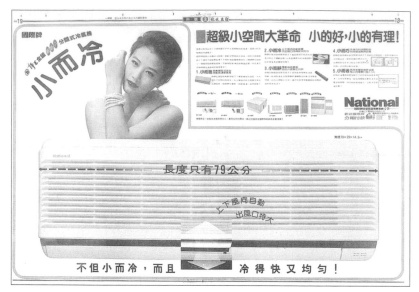

圖4.5.6 東方作品：國際牌分離式冷氣（1994）

在東方，楊義英認為學到最多的就是「冷靜思考」與「敏捷的反應」，也曾在其他產業服務過的楊義英分析一般公司與廣告公司人員的差異性，在於廣告公司裡因不斷被訓練反應，可以練就一身「一句話打出去就打到重點」的好功夫。

雖然離開了廣告圈，仍然在其他工作上運用到在東方學到的本領，楊義英說近年來許多設計的工具、媒體都與以往不同，但創意的點子是不可取代的，畢竟創意的原創在於人。現在店裡的文宣品，大如海報小如菜單，都是楊義英自己設計、製作；而簡餐、飲料的視覺也是由她負責，她強調有了視覺上的美味，就能因先入為主的關係而認為味覺上也是同等美味。談到這幾年的咖啡店生活，楊義英覺得自己已經由從前熱血沸騰的奔馳，慢慢褪成費力的走著，加上身體狀況需要調養，也許近期會轉換跑道，將自己這十年咖啡店裡的點點滴滴轉換成擅長的文字，集結出書，嘗試新的生活。

她謙虛的說自己是個幸運的人，也感謝許多人在一路上的幫助；過去在東方廣告提案的生活，每場都是一齣表演，楊義英提醒後進，只要盡全力排練，就能愈演愈上手，而自信心也就是這樣建立起來的。（撰稿：高鈺純）

在東方「所有走過的路都不會白走」
# 昝世華

出生年次：1962年
學歷：輔仁大學大眾傳播系
進入東方年次與年齡：1987年，25歲
在東方工作年數：2年
進入東方之前的工作：潤利公司、金華廣告
離開東方之後的工作：英泰廣告、南山人壽

昝世華近照

昝世華畢業於輔仁大學大眾傳播系，學生時代就常常打工，第一份工作在潤利公司服務，之後便到金華廣告，第三份工作則到東方。昝世華回憶說，東方當年業務分成一部及二部，她被分配到業務二部，雖然當時年紀輕、工作經驗少，部門主管卻給予昝世華這些創意人員非常大的揮灑空間。

回顧當時的廣告產業，昝世華說廣告界隨著產業的蓬勃發展而達到顛峰，光是紙尿褲或是洗髮精在當時就有很多品牌，尤其是民生用品的同一類商品就有很多選擇，而這正是需要廣告來推廣的最佳時機。昝世華說：「廣告界充滿著成就感及挫折感，」因廣告型態及客戶型態的即時性，廣告充滿了變化及挑戰性。「挫折當然是來自客戶反應不好，有時我們覺得很好，但是客戶就是不滿意。」她不諱言的說，有時客戶真的很難教育，如果要講創意的東西，其實就很難溝通。所幸當時的主管會從其他面向著手，包括從市場或是產業方面的訊息去跟客戶交流溝通，而那樣的方式往往更可以獲得客戶信任。

昝世華當時的客戶群有金美克能、美語補習班以及台灣氰胺（目前的台灣惠氏股份有限公司）等，之前她在金華廣告時就接觸過台灣氰胺，最後在東方廣告透過比稿方式拿到台灣氰胺的維他命C提案。因為客戶是從美國回來的經理，加上當時的主管也很喜歡嘗新，因此提案通過要以拍動畫片的方式呈現，那時動畫在台灣還不是很風行，拍完之後還要送到香港去做電腦圖像CG的後製。當時香港製作公司希望客戶及廣告公司創意能夠到香港確認成品，公司便派昝世華去。昝世華說，那是她第一次去香港，且去香港的前一天她在林安泰古厝跌了一跤，最後是一拐一拐的到了香港，並在香港完成最後的確認工

作。

呰世華回憶起有一年的年終，當時廣告圈流行一幅春聯「進進出出為誰忙，跳來跳去薪水高」，部分反應了廣告人的心聲。當時的曾垂衛經理就曾說過：「跳來跳去就是為了找一個環境，環境就是人，若我不動，周圍的人都動，就是環境在動，所以我不動，隨著大家動，大家互相適應，在變動環境中接受新資訊。」這是呰世華道出曾垂衛經理一直留任在東方廣告貢獻的原因。

呰世華印象深刻的還有「Madam」，印象中的她沒有隨便不出勤的紀錄。在呰世華未進入東方之前，業務部女生都必須幫公司男同事倒茶，這是比較日式的管理方式。而「Madam」如果走到辦公室哪個比較髒的地方，她一定「身體力行」的拿起抹布將髒手處理乾淨，這樣不計身段的為公司付出，並提供一個乾淨的工作環境，的確讓當時年僅二十多歲的呰世華深感佩服。

呰世華任職期間，溫春雄董事長的身體狀況已經不是很好，但他還是每天都會到辦公室，而每天早上「Madam」就扶著溫董上班，「Madam」對於家庭及公司事業都能打理得非常好，亦可看出「Madam」的傳統美德以及良好家教。另外，「Madam」對於數字的敏銳度，也讓呰世華印象深刻。呰世華說當大家還在換算台幣對歐元是多少時，「Madam」的頭腦已經在換算歐元對美金是多少，且數字是不斷更新的，那種對數字的敏銳訓練以及堅持，讓呰世華不由得不佩服。

當年的呰世華算是廣告界的新手，而提案時創意部門的人員也必須配合，與呰世華合作提案的創意人張念惠，最令呰世華印象深刻。張念惠是一個非常豪爽的大妞，每天刁著一根菸且穿著帥氣，對呰世華非常照顧。記得當時有一個洗髮精的SP活動，客戶給了好幾萬個標籤，希望業務到零售店裡掛標籤，張念惠就發動創意部及業務部人員，一起到零售店內去貼標籤，合作無間的團隊精神令呰世華感動。

東方的市場調查部門非常完整，當年呰世華與市調部的張玲娟

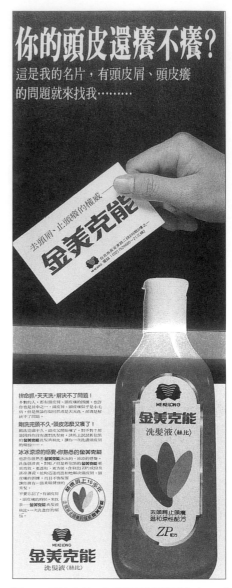

圖4.5.7 東方作品：金美克能洗髮精廣告（1988）

就培養了濃厚的情感，有一年昝世華因為廣告文案正愁容滿面時，張玲娟便陪伴昝世華在公司熬夜撰寫企劃書，並積極提供各種市場資料，兩個女生就整夜未眠的將企劃書趕出來，這種革命情感至今想起仍令人懷念！

在東方的二年多工作經驗，昝世華說：「所有走過的路都不會白走的。」離開廣告圈後，目前昝世華在南山人壽任職，她認為前面走過的每個階段都是一種學習、觀察與互動，而在變動與選擇中需要很大的勇氣。那段溫馨的歲月，與目前任職的外商公司截然不同，在東方所培養的革命情感是不會輕易隨著時間消逝的。（撰稿：廖文華）

# 第五章
## 多元期的廣告與社會
（1989-）

## 第一節 眾聲喧嘩的時代

1989年至數位電視出現之前，是台灣廣告產業的「多元期」，所謂多元期指的是這段時間台灣社會政治多元、媒體多元，廣告表現亦多元，是個眾聲喧嘩的時代。

由於解嚴，台灣社會力釋放，各種政經力量加入角逐，民進黨茁壯，成了有力的在野黨，1997年贏得地方政權，2000年贏得總統大選，也因為政治多元，經濟自由化、國際化，致使財團興起。台灣民間在這段期間亦多彩多姿，如曇花一現般的短暫流行，每隔一陣子就會出現，蛋塔、紅酒、電子雞、SPA、甜甜圈、紋身貼紙、彩繪指甲……，這種速食、易開罐式的流行也呈現台灣人愛冒險、嘗鮮的海洋性格。

這段期間台灣社會的人事如下：

### 1989
◎股市突破萬點；
◎選罷法修訂，開放報紙競選廣告。

### 1990
◎國民黨「主流」、「非主流」政爭；
◎最後一次由四十年不用改選的老國代選總統，李登輝、李元簇出任正副總統；選前發生中正紀念堂學生運動，學生稱之「中正廟學運」，這是台灣第一次自發性、大規模學生運動，抗議不用改選的「資深民代」攬權、要求他們退職。

### 1991
◎終止動員戡亂時期，12月資深中央民代全部退職；
◎二屆國代選舉，第一次啟用政黨電視競選宣傳，政黨只要推薦十名以上的候選人，即可分到免費的電視競選宣傳時段，推薦候選人越多，分到的時段越長。

### 1992
◎「公平交易法」實施，其中有對「不實廣告」進行規範。

### 1993

◎開放廣播電台申請，第一批核准13家；

◎通過「有線電視法」，台灣進入電視「戰國」時代。

## 1994

◎省市首長民選，第一次也是最後一次的台灣省長選舉；

◎台灣ABC——「中華民國發行公信會」成立，至2008年只有《自由時報》、《蘋果日報》及少數雜誌加入發行量稽核。

## 1995

◎李登輝總統訪美，引來中國文攻武嚇、試射飛彈、股匯市大跌；

◎廣播電台頻道陸續開放，該年開放46家小功率社區電台，以及1家大功率全國性FM電台。

## 1996

◎台灣第一次民選總統，李登輝、連戰當選正副總統；

◎電信三法通過，開創台灣電信自由化、國際化的新紀元，台灣連國中生都有手機，即是拜電信自由化之賜；

◎台灣第一條捷運—— 台北木柵線通車。

## 1997

◎第四家無線電視台「民視」開播。

## 1998

◎國際金融風暴效應發酵，全球貿易量及經濟成長率大幅滑落，台灣經濟成長因對外貿易縮減，國內多家大型企業爆發財務危機，政府因應變局採取五大紓困措施，穩定了台灣經濟；

◎「公共電視」開播。

## 1999

◎「衛星廣播電視法」通過；

◎九二一地震，撼動台灣。

## 2000

◎總統大選，政黨輪替，民進黨陳水扁、呂秀蓮當選正副總

統；

◎核四先廢後復，形成政治風暴；

◎第一家網路原生報《明日報》風光上市，台灣呈現.com風潮，任何和網路有關的行業都很容易募到資金。

## 2001

◎桃芝與納莉颱風，台北一片汪洋，忠孝東路成了「忠孝東河」、SOGO泡湯、捷運成了「超級大水溝」，停擺好幾個月，台北市民人人成受災戶；

◎《自立晚報》停刊；

◎發行一年的《明日報》停刊。

## 2002

◎台灣加入WTO；

◎「樂透彩」發行。

## 2003

◎中國傳入SARS；

◎世界最高的「台北101大樓」啟用。

## 2004

◎無線五台（台視、中視、華視、民視、公視）數位電視開播，台灣進入數位電視時代；

◎《中時晚報》停刊。

## 2005

◎黨政軍退出媒體，2003年修法規定黨政軍退出媒體，至2005年12月26日，二年期的落日條款到期，原先黨營的中視被國民黨連同中廣、中影包裹成「三中」一併賣掉，台視民營化，華視則併入公視體系，成了可以播廣告的公共電視台；

◎《中時晚報》停刊。

## 2006

◎國家通訊傳播委員會（NCC）成立，根據「通訊傳播基本法」之權責劃分，NCC負責媒體監理，但「國家通訊傳播整體資源之規劃及產業之輔導、獎勵」仍屬行政院新聞局職

掌；

◎《大成報》、《中央日報》、《台灣日報》、《星報》、《民生報》相繼停刊，《中華日報》資遣員工，台灣報業進入寒冬。

## 2007

◎公廣集團納編了原住民電台、宏觀電視、客家電視台，連同原有公視、華視，成了台灣最大的電視媒體系統；

◎聯合報系斥資1.4億多元，標下台北市捷運公司站內捷運報《Upaper》，是唯一被授權在站內發行的刊物；

◎台視標售公股，非凡電視以24.1元的高價打敗旺旺集團、《自由時報》等競爭者取得25.77%股權，入主台視。接著我國首次也可能是最後一次電視台股權全民釋股，台視21.62%股權，其中2.16%供員工優惠認股，每股10.8元，19.46%則是辦理全民釋股，每股12元。

## 2008

◎再次政黨輪替，國民黨馬英九、蕭萬長當選正副總統，台灣進入政黨輪替期，新政府面臨毒奶、斷橋、股災、失業一連串挑戰；

◎《中國時報》先大規模資遣員工，號稱轉向「質報」再出售予旺旺集團，顯示台灣報紙經營困難；

◎世界性金融風暴。

1988至2000年，這段十二年餘的期間可以稱之「李登輝時代」，1988年李登輝繼任總統至2000年交卸總統職務，是台灣由威權獨裁統治走向完全民主、政黨輪替之間的過渡期，這個時期對台灣有兩項顯著的意義——民主化與本土化。1996年的總統大選，李登輝得票5,813,699票，得票率54.00%；民進黨候選人彭明敏得票2,274,586票，得票率21.13%；獨立候選人林洋港得票1,603,790票，得票率14.90%；同為獨立候選人的陳履安得票1,074,044票，得票率9.98%。李登輝與彭明敏兩人得票率合計75%，象徵台灣主體意識的呈現，也代表台灣主流民意。

接著2000年政黨輪替，當年總統大選，國民黨候選人連戰敗

給民進黨候選人陳水扁，陳水扁以4,977,737票，得票率39.30%當選總統，5月20日新舊總統交接，完成政黨輪替，終結國民黨對台灣長達五十五年的統治，並為十二年的「李登輝時代」劃下句點。而2008年再度政黨輪替，國民黨取得執政權，我國進入政黨輪替期，再也沒有永遠的執政黨。

八〇年代到九〇年代台灣社會變遷非常急促，不但獨vs.統、綠vs.藍、本土vs.外來、台灣vs.中國的政治意識對立，社會變遷亦很激烈，網路興起，三台兩報式微，媒體間呈現替代與襲奪效應，社會價值觀、消費型態、性別意識也產生重大改變，而這些變遷亦反應在廣告作品與廣告經營上。

## 第二節 廣告經營的改變

多元期的廣告代理產業呈現穩定的趨勢，台北市廣告代理商業同業公會的會員家數，每年維持200家上下，其間的波動在於新進者的加入與退出，許多新入行的業者加入後一、二年，發現營運未見起色即退出，而創辦二十年以上的公司卻仍持續營運中。

此外，大型廣告公司，尤其是跨國性公司鮮少退出市場，主要是國際客源穩定、業務不虞。據《中華民國廣告年鑑》第16輯所列，2003年綜合廣告代理商排行榜毛收入量前四十名依序為：智威湯遜、台灣電通、麥肯、奧美、華威葛瑞、上奇、李奧貝納、博達華商、國華、BBDO黃禾、靈獅、意識形態、聯廣、太笈策略、聯旭、百帝、靈智、東方、陽獅、恆美、運籌、主動、達彼思、電通揚雅、電通康信、博報、博上、華得、展望、明思、智得溝通、普陽、聯眾、英泰、喬商、達一、凱博時代、華懋、太一、互得。在此排行榜中，前十名均為外商，顯示本土廣告公司面對外商激烈的競爭。

媒體也有重大改變，最主要是「三台兩報」的式微，有線與衛星電視的開放，導致電視頻道暴增為六、七十家，早期獨霸的老三台（台視、中視、華視）影響力急遽下降，廣告量也逐年

圖5.2.1 東方作品：大眾銀行廣告（2001）

圖5.2.2　東方作品：中華電信廣告（2001）

圖5.2.3　東方作品：「泰安觀止」廣告（2006）

萎縮，2000年以後有線與衛星電視的廣告量已超過無線台。

第四家無線電視「民視」在1997年開播，公共電視在1998年開播，2003年立法院決議黨政軍退出媒體，並訂定2005年12月的「落日條款」，導致2006年電視產業的重大變革。華視公共化，被併入公共電視系統，成了所謂「公廣集團」之一，2007年公廣集團接著納編了原住民電台、宏觀電視、客家電視台，成了台灣最大的電視媒體系統。中視被國民黨連同中廣、中影一併出售；台視則民營化，行政院組織由各政黨推薦的委員組成公股處理小組，決議將一銀、華銀、新銀、合庫所持有的台視25.77%股份以公開標售方式售予非凡電視財團，台銀與土銀持有的21.62%向全民釋股。

在平面媒體方面，《自由時報》、《蘋果日報》的崛起是多元期的媒體產業大事，《自由時報》在報禁開放後崛起、存活，而且目前閱讀率第一，領先《中國時報》、《聯合報》等老品牌報紙。《自由時報》可以在短短的十年間成了我國主要的報紙之一，有兩個原因，一是市場區隔明確，其言論與《聯合報》、《中國時報》有明顯的不同，因此能區隔讀者；二是行銷策略成功。

2003年香港來的媒體《蘋果日報》在台創刊，也對台灣報紙產業生態產生影響。《蘋果日報》的特色是以腥色羶角度處理社會新聞，透過平面媒體視覺化——大標題、聳動照片、表格化，吸引年輕世代讀者，以窺視名人隱私、「狗仔式」報導，滿足讀者偷窺慾。這種風格也影響了部分的台灣報紙，連號稱質報的一些報紙也「蘋果化」。

在2007、2008年的中華民國發行公信會（ABC）調查，《自由時報》發行量70餘萬份、《蘋果日報》50餘萬份，而在尼爾森（Nielsen）的閱報率調查，兩報亦常分屬一、二名。

媒體產業生態的改變導致媒體經營型態改變，電視台的廣告銷售有了大幅調整，主要有三種方式：第一種是廣告檔次與秒數的販賣（spot buying，亦稱為「檔購」）；第二種是「保證CPRP」（Cost Per Rating Point，每收視點購買成本）購買

方式，以收視率來計價；第三種是衛星及有線電視頻道業者運用得相當廣泛的「專案銷售」方式，由電視台的廣告企劃人員為客戶量身訂做，將客戶的商品，與頻道內合適的節目，做不同方式的搭配、運用及結合，如商品置入（product placement）、資訊式廣告（informercial）、節目贊助（sponsorship）、抽獎及其他宣傳活動，call-in、call-out、廣告節目化、節目廣告化，甚至新聞節目配合播出廣告客戶活動等多元形式呈現。

這種「專案銷售」都由電視台主導，傳統的廣告代理商無從介入，這是廣告代理商面臨的第一個挑戰，而第二個挑戰則是媒體購買方式的改變。

多元期的廣告產業有一個急遽的變化，就是媒體購買從廣告代理商的業務中獨立出來，由專業媒體購買公司執行，稱之「媒體集中購買」，這些媒體購買公司主要由外商掌控。以往的廣告公司有三項主要領域——業務、創意、媒體，而且媒體佣金或服務費為廣告代理商的主要收入來源，媒體購買的分支獨立，對廣告公司的營運產生重大的影響。

媒體集中購買最主要的優點在於以量制價，由於發稿量大，可增加與媒體談判時的優勢，如優惠價格、版面／時段挑選等，以增加廣告效率，對廣告主形成價格上的明顯效益。因應這種趨勢，部分廣告公司也組成媒體購買策略聯盟，聯合其他廣告公司一起發稿，企圖減輕以往單獨廣告公司與媒體談判時的弱勢，以大量發稿爭取折扣與利潤，增加議價的優勢。

「電視台扮演廣告公司角色」與「媒體購買公司分食廣告代理媒體收入」是目前台灣廣告代理商面臨的兩大隱憂，媒體生態和外在經營條件的改變，這是廣告代理商必須正視與因應的。

## 第三節　東方邁向國際化

1989年台灣廣告產業進入「多元期」，政治、社會、經濟局勢急遽改變，「三台兩報」的領導地位被新興媒體取代，外商廣

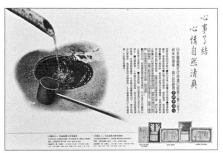

圖5.3.1　東方作品：日本交流協會「早辦早清心」系列作品

告公司長驅直入，本土廣告公司紛紛棄守，傳統屬廣告代理商的業務，也被媒體購買公司與電視台取代，做為本土廣告代理商先驅者的東方，以「走出去」的國際化對抗外商廣告公司「走進來」的國際化。

1989年10月東方與日本東急廣告國際公司合組「東急東方國際公司」；1990年由於業務擴充，公司資本額增加為新台幣5,000萬元，並增購同址八樓辦公室100坪；1991年東方與日本I&S、韓國東方企劃合組亞洲太平洋區域聯盟（APCA）；1992年再與日本I&S公司簽定業務及技術合作協定，當年公司領導階層也有了調整，黃宗鎧卸下總經理職務、專職副董事長，另由蔡鴻賢擔任第三任總經理。此時東方已悄悄邁向國際化，1993年規劃在中國廣州舉辦的光陽機車KYMCO新車發表大會暨全國經銷商大會，同年以ICP資料庫完成行銷資料年鑑。

1994年溫春雄以創辦人名義榮退，溫夫人林翠晶女士擔任第二任董事長。當年規劃光陽機車KYMCO中國珠峰成都展示中心會場設施及開幕典禮，並協辦中國北京1994年國際廣告研討會。1995年3月29日創辦人溫春雄辭世，享年七十四歲。

1996年在中國上海設立辦事處；1997年東方開始進行全面電腦化；1998年東方與北京中國廣告聯合總公司簽訂業務合作協定，該年蔡鴻賢升任總裁，侯榮惠接任第四任總經理，兩位扛起重擔後，更積極展開國際化佈局。1999年公司資本額增加為新台幣6,000萬元，並遷址上海辦公室與員工宿舍，當年更獲頒財政部評定之全國100家績優營業之中小企業公司。此外，更改ICP作業系統為Windows版，並正式更名為E-ICP，同時全面進入電腦網路系統化管理，並與Seednet合作，建立E-ICP東方消費者行銷資料庫網站。

2000年3月iSURVEY創立東方線上股份有限公司，提供大中華地區消費者研究、消費市場資訊分析網站；2001年E-ICP資料庫授權委由東方線上執行銷售，上海辦公室並配合業務擴充而遷址；2004年承攬我國交通部觀光局業務，進行台

圖5.3.2 侯榮惠（左）與郭榮達（右）

灣觀光國際廣告，9月與日本JR東日本企劃業務合作於東京車站丸之內及山手線舉辦2004年台灣觀光局日本地區「台灣劇場」國際宣傳系列活動；2005年9月延續2004年活動熱潮，以JR大阪環狀線舉辦台灣觀光局日本地區國際宣傳系列活動，當年日本來台旅客人數達到112萬多人次，突破歷年新高，廣告效果極為良好。

2006年經營階層再調整，郭榮達擔任第五任總經理，侯榮惠專職董事，擔任顧問與指導工作；2007年蔡鴻賢擔任副董事長；2008年東方創立五十週年，侯榮惠再回任第六任總經理，邁向另一個階段。

1995年3月29日創辦人溫春雄辭世，台灣第一代廣告創業者逐漸凋零，溫氏的一生就是老一輩台灣士紳的影像，在台灣出生，到日本受大學教育，戰後回台灣創業，回饋自己出生的土地。

溫春雄一直秉持的信念就是「沒錢、沒力、沒學問是做不了事的」，除自己以身作則博覽群書外，更利用公司會議，與公司同仁們分享其閱讀的心得。此外，更重視員工的在職訓練，購買了許多國外報紙、專業書籍與雜誌，讓員工能隨時吸收最新的知識與觀念，並鼓勵員工參加各種進修活動。

溫春雄認為，廣告是人的事業，不僅要吸收、培育有創意的人才，尊重顧客的批評，並要了解消費者的需求，才能創造出感動人心的廣告。他更期許東方廣告公司能堅持「人性溝通」與「人性尊重」，成為一家具有特色的廣告公司。

「沒錢、沒力、沒學問是做不了事的」，這樣的經營哲學也反映在溫氏的日常生活上，不論寒暑每天五點起床晨跑，用完早餐，即以步行的方式至公司上班，清晨六點半，他已經是第一個到公司上班的員工。然後，利用八點半上班前的時間遍讀中、英、日報紙，數十年如一日，也培養了其對於國際事務的敏感性及適應性。這種毅力，更是為東方人所稱道。

一個行業的創辦者必須有豪氣與膽識，溫春雄在日本羅世中學受斯巴達式訓練，鍛鍊出好體格並取得柔道三段，體格影響性格，使得溫氏可以在跌倒時，思考為何跌倒、如何爬起，而爬起之後如何更銳利反擊對手。毛皂王失敗，東方廣告崛起，東方廣告茁壯後，溫氏再涉入百事可樂在台生產的事業。

溫春雄是老式受日本教育的台灣商人，重然諾，會喝酒，七○年代廣告圈的人都稱他「夜台北市長」，晚上時間大多在酒家度過。他也重男輕女，早期東方的女性員工，都必須倒茶洗杯子擦桌子，當時的社會就是這樣，並無損女性員工對他的尊敬。

談到溫春雄，就必須提及他的夫人溫林翠晶，1995年溫氏辭世，夫人勇敢接下東方棒子，在老同事、副董事長黃宗鎧（終身服務東方的老廣告人！）輔佐下，繼續經營。溫夫人是受日式教育的女性，溫文有禮、堅毅不拔，勇敢的維護家族榮譽，當台灣的本土公司都紛紛售予外商時，溫夫人堅定表示「合作可以，合併免談」，她要繼續維護台灣第一家創立的廣告公司招牌。

在這個階段，東方不但積極國際化——西進中國市場，並與日系公司技術合作。1993年日本巨人隊訪台時，東方更負責所有廣告、轉播及營收，並透過運動行銷來達成跨國界的共同語言，也為推廣國內棒球運動達到高潮。

談起日本巨人隊，儼然就是一部日本職棒史，成軍於1934年，1993年以前曾在中央聯盟得過35次優勝，日本職棒總冠軍17次，特別在1965至1973年期間連續獲得中央聯盟九連霸，輝煌紀錄在當時是無他隊可比擬。日本巨人隊成軍以來，亦培養出多位優秀的選手，如王貞治、長島茂雄等，其代表的不僅是巨人隊的精神，更是巨人隊健康、紳士的風範。同時在第二次世界大戰後，日本政府為了要重整家園，恢復民眾信心，靠的就是職棒鼓舞民眾積極與奮戰不懈的精神，而巨人隊就扮演著功不可沒的重要角色。

台灣在1906年（明治39年）即有中學棒球隊的組成，也曾打進甲子園，台灣人對棒球的熱愛從日治時期延續到戰後，一直到現在，1990年更成立職棒。職棒元年國際邀請賽也邀請巨人隊來台，引起很大的迴響，帶動了職棒熱潮，因此1993年巨人隊的再次來台，亦讓職棒球迷有再睹巨人隊風采的機會。

1993年11月13日巨人隊抵台訪問，分別在台北、台中及高雄三地與台灣六支職棒球團進行五場友誼賽，主辦單位於11月7日開始預售票。此次巨人隊訪台是由球團常務董事湯淺武率隊，為第二次來台，陣容相當堅強，其中有一軍球員11人，還包括6名教練、6名事務員以及1名隨團裁判，球員25人當中，有10名投手，全團共計45人，是歷年日本職棒隊訪台陣容最龐大的一次。

在巨人隊來台前，職棒聯盟與東方廣告公司在11月3日中午便舉行了「日本讀賣巨人隊來台記者會」，向媒體說明此次來台的行程及球員，會中更由當時東方廣告公司總經理蔡鴻賢向媒體首度展示巨人隊吉祥物「加比」（GABBIT），GABBIT是可愛的兔子造型，與國內職棒球團獅、虎、龍等猛獸型吉祥物儼然不同。

巨人隊的訪台賽，在東方廣告公司規劃下，特邀當時的青春偶像林志穎開球為球賽增色，現場並贈送林志穎、曾貴章、廖敏雄三人共同簽名球200個，同時為凸顯巨人隊訪台比賽的紀念性，巨人隊特別準備了刻有球隊吉祥物「加比」的郵戳，凡是購票入場的觀眾都可在入口處票根上蓋章，並留下當作紀念。

圖5.3.3　東方作品：巨人隊與國內職棒友誼賽海報（1993）

圖5.3.4 東方廣告公司總經理蔡鴻賢展示巨人隊吉祥物「加比」（1993）

同時主辦單位為表慎重，在14日開幕當天，準備別開生面的屏東排灣族豐年祭表演，透過豐年祭所象徵的親密意義，讓台日職棒國際邀請賽能夠始終「相敬如賓」。

東方廣告公司規劃此次巨人隊來台之廣告、轉播以及營收，從11月3日舉行「日本讀賣巨人隊來台記者會」宣傳後，各家平面媒體的報導及宣傳造勢活動也在這段期間達到高潮，球迷們熱烈期待台日對戰，台灣健兒能夠有所斬獲，雖然最後比賽結果日本讀賣巨人隊五戰全勝，但也給予我方球員一個學習機會，尤其是巨人隊那種不輕忽任何比賽全力以赴的精神更值得學習。而巨人隊來台友誼賽的宣傳在東方積極規劃下，也為國內運動行銷立下典範。

除了推廣與國際接軌的棒球盛事外，東方廣告公司對國內客戶的服務也有亮麗的成績，1999年的台灣啤酒廣告就是經典之作。台灣啤酒是在地的老牌子，從1919年高砂啤酒（現今台北市八德路建國啤酒廠）開始，台灣人已有近百年的製酒經驗，由於牌子老，因此形象也跟著老朽，面對進口啤酒的競爭，公賣局改制的台灣菸酒公司找到東方，東方提出「有青才敢大聲」的創意概念，以伍佰為代言人不但以濃濃的鄉土味質樸的陳述屬於台灣啤酒的味道，伍佰搖滾狂野豪邁的形象更颳起強烈「台」風，賦予台啤年輕形象，成功與進口品牌做區

圖5.3.5 伍佰「空襲警報」簽名會

隔，凸顯出商品的USP——「在地製造，最新鮮的啤酒」，為
台灣啤酒「老品牌」塑造了新風格，也穩住了台灣啤酒領導品
牌的地位。

對東方廣告來說，從十六家競爭對手比稿中，之所以可以拿下
台灣啤酒的廣告代理權，「創意」即是最重要的關鍵。為避免
品牌老化並增加對於新增市場的掌握，台灣啤酒廣告鎖定十九
～二十五歲的年輕族群，走的則是本土情感與現代搖滾結合的

圖5.3.6 東方作品：「有青才敢大聲」台灣啤酒海報

創新路線。

一系列活動以「有青才敢大聲」的創意概念引爆全台記者會，並結合伍佰演唱會門票首賣簽名會，宣達台灣啤酒新鮮、積極、創新、年輕化的品牌形象。此次行銷活動，是當時台灣省菸酒公賣局五十多年來首次出擊，並投入四千八百萬的巨額預算在廣告宣傳上，以全新的風貌，活潑新穎的行銷手法，從廣告到EVENT的結合，以迎戰外來啤酒的攻勢。在東方廣告一系列公關活動的規劃下，請來本土味濃厚的伍佰擔任台灣啤酒代言人，並唱出「有青才敢大聲」的廣告詞，更加凸顯台灣啤酒在地與本土的鮮明形象，而推出的「台灣啤酒廣告」更是公賣局有史以來的第一支廣告片。

從異業結盟的角度來看，「有青才敢大聲」記者會結合了伍佰「空襲警報」簽名會，菸酒公司更提供全國各地酒廠作為演唱會場地，藉由伍佰首賣演唱會的曝光延展出更多的訊息，並將音樂與笑聲帶進台灣啤酒文化，大大提升台灣啤酒的能見度以及市場佔有率。

除了拍攝台灣啤酒的電視廣告外，台灣啤酒更以新鮮為訴求，強調民眾可以喝到一個月內製造的啤酒，並將每年5月份的第四個星期六定為台灣啤酒節，與地方社區結合，塑造關懷鄉土的形象。

東方為菸酒公司推出「有青才敢大聲」系列廣告後，台灣啤酒銷售量較去年同期成長了百分之八，市佔率亦躍升至百分之七十二，廣告魅力成功塑造了台灣啤酒年輕、創新、活力的新形象。

同年，台灣啤酒為了能在PUB與高級餐廳佔有一席之地，特別在瓶身造型、標籤設計與色彩搭配上重新打造，並在劃為古蹟的公賣局舉辦了「台灣上青的PUB暨露天嘉年華會」，推出354cc短瓶裝台灣啤酒進軍PUB市場，主攻年輕族群以及白領階級，並捨棄沿用數十年的黃綠標籤，採用棗紅色鑲金的TAIWAN BEER英文標籤。

另外，為迎接千禧年的來臨，東方更規劃了「上青ㄟ千禧台啤

迎2000」一系列歡樂慶祝活動，活動地點選在台北市西門町徒步區，由啤酒瓶罐打造的巨型裝飾藝術聖誕樹高達十公尺，「千禧台啤聖誕樹」共使用兩千瓶罐不同系列的台灣啤酒商品以及數千盞小燈泡組合而成，總重量達一千公斤，成了西門町迎接千禧年最炫麗奪目的新地標。此活動亦吸引近萬人參與，成功達到媒體宣傳目的；同時為迎接新世紀的來臨，菸酒公司廣受歡迎的台灣啤酒全面以「台灣啤酒千禧紀念瓶」改裝上市，趕搭千禧年熱潮。

從1999年3月台灣菸酒公司委託東方廣告公司規劃一系列公關活動以來，台灣菸酒公司從過去保守的形象轉而注入了活潑、年輕及本土化品牌印象，加上伍佰的成功代言以及後續公關活動的規劃成功，台灣菸酒公司在激烈的競爭市場中殺出重圍，重新找到產品新的定位及元素，而「上青」、「有青才敢大聲」亦成為流行語，並榮獲《動腦》雜誌「廣告永恆金句獎」。

此外，2004與2005年東方廣告為交通部觀光局執行在日本的國際行銷活動，也是成功的個案。以2005年交通部觀光局在日本的國際行銷活動為例，當年入境的觀光客高達1,124,334人，較2004年成長了24.71％，顯見東方廣告在日本推廣台灣觀光活動的豐碩成果。

以2005年國際行銷活動的電視廣告宣傳來說，共分為兩階段宣傳。第一階段高潮設在4月，4月為日本假期「黃金週」以及「暑假」的企劃期；第二階段的高潮則設在8月，8月為暑假企劃或是秋天旅遊行程安排的最佳時機點，同時亦可配合旅行社的新品上市時機。因此東方廣告在電視廣告的最佳投資時段以4月及8月為主軸，在日本包括東京、名古屋、北海道、仙台、大阪、廣島及福岡等七大都市，觀光局的電視廣告到達率就有2億4千萬戶，事實亦證明這樣的規劃收到良好的電視廣告效益。

在戶外廣告方面，從2005年4月到6月這三個月的時間，在東京、名古屋及沖繩等地區不斷地重複播放與電視廣告相同的15秒廣告，三個月長期的放送達14,812次，接觸人數約有

圖5.3.7 東方作品：台灣觀光局在日傳播活動（2005）

196,014,717人，成功達到與戶外民眾接觸的目的。

雜誌廣告部分，東方選擇了《Chou Chou》雜誌與《山與溪谷》雜誌來為台灣觀光發聲，《Chou Chou》雜誌是以女性上班族為主要族群，兩份雜誌在日本的發行量皆超過200,000份，是閱讀率頗高的雜誌。在報紙廣告刊登部分，更在《讀賣新聞》、《西日本新聞》、《北海道新聞》、《日刊SPORTS》、《中國新聞》以及《河北新聞》等多家報社刊登廣告，以補足更多台灣觀光的消費訊息，共計達到19,210,370戶的到達

率，平均2.5戶就有1戶可以看到觀光局的廣告。

2005年延續2004年在東京山手線引起的風潮，在東方規劃下亦包下大阪環狀線的整輛電車來進行台灣觀光宣傳。車體廣告實施期間從2005年9月2日至2005年9月30日共計26日，「車體廣告」到達人數約1,554,246人次；車內廣告實施期間從2005年9月2日至2005年9月28日共計24日，「車內廣告」到達人數約1,425,796人次。

在大型PR活動露出方面，東方廣告特別挑選了三個大型節目，包括朝日電視系列全國24台聯播的「旅の香り 時の遊び」節目，日本電視系列全國22台聯播的「美味しさ發見！世界美食の旅in台灣」節目，秋田電視、東北六電視台以及其他電視台所聯播的「茉奈‧佳奈の今ドツキ台灣」節目，並以三階段宣傳主攻5月旅遊黃金週、9月以後的旅遊黃金期、以及11月後歲末年初的旅遊黃金期來介紹台灣。

在網站架設方面，延續2004年的「阿茶網站」，2005年網頁更新增了5,000萬的贈品活動，其中，「阿茶日記」更充分記錄了台灣從南到北的旅遊景點，從地方小吃到豐富的人文之旅，旅程中更展露出台灣特有的地方特色及文化之美。

整體來說，2005年3月1日朝日電視台全國聯播所置入的PR電視節目「旅の香り 時の遊び」揭開了2005年日本宣傳企劃的序幕，接著4月開啟的電視、報紙、雜誌以及戶外電視牆廣告，更成功對黃金週及暑假出遊消費者作出明確訴求，而9月展開的「5,000萬日圓豪華賞品」抽獎活動更將整個活動推至高潮。2005年11月21日，日本觀光客第100萬人次入境，創下台灣觀光史上的新紀錄。

這時期的台灣消費文化也慢慢轉向，進入「自我世代」（'ME' generation），消費者開始「對自己好一點」，尤其女性收入提升與自主意識抬頭，促成追求精緻美感的「名牌消費」，也帶動珠寶、精油芳香按摩SPA、旅行放空的追求，而歐式郵輪的消費也被引進。

麗星郵輪進入台灣市場的廣告是由東方代理的，郵輪是歐美富

豪與退休銀髮族的休閒方式，其旅遊方式是鬆散不趕行程，以社交為主，和傳統台灣旅行團的操作不一樣，其引進為台灣人打開國外旅遊的另一扇窗，也代表台灣進入奢華消費的年代。

東方為麗星郵輪2000年打造的廣告即訴求：「2000年0:00…我在太平洋上迎接第一道曙光，這輩子值得了！」十足展現台灣社會炫耀的消費文化，以高格調、與眾不同的「奇觀」體驗，塑造高人一等的心理滿足。

奢華消費的另一項商品是按摩椅，既曰「奢華」，廣告就必須呈現「尊貴」，東方代理的智慧按摩椅OSIM，在策略上就邀請費用高昂的張菲做代言人，張菲被尊「綜藝大哥大」，具備累積財富有道的形象，平面廣告上他躺在按摩椅上自在舒適的模樣，完全展現產品定位「i Desire」的貴族才能享有的悠閒想像。

按摩椅雖是促進健康的工具，但其高定價的市場區隔，已變成富有階級才能享有的尊貴體驗，東方透過感性、貼心訴求，滿足消費者成為M型社會右端一族的想像。

回顧五十年來東方所代理的廣告，緊扣台灣成長的脈動，六○年代從農業經濟邁入輕工業與出口導向，開司米龍衣料與特多龍讓人人與小孩都換了新裝，迎向另一個年代：七○年代經濟逐漸起飛，百事可樂提供不一樣的「美國想像」，光陽100讓台灣男人更有衝勁、更會打拚，光陽良伴50讓女人脫離父兄丈夫的羈絆，可以擴大遨遊半徑，女性更加獨立，也悄悄為女

圖5.3.8 東方作品：麗星郵輪廣告（1999）

圖5.3.9 東方作品：OSIM按摩椅廣告（2006）

性主義注入新動力，而海龍洗衣機同樣讓女性得到解放，有多
餘時間可以追求自我；八○年代所得大幅躍升，彩色軟片陪著
我們國內外走透透，「台灣錢淹腳目」，為了健康我們不再喝又
甜又膩的飲料，改喝健康飲料；九○年代進口啤酒來勢兇兇，
東方陪著本土的台啤打贏漂亮的一仗；進入二十一世紀，台灣
轉向奢華消費，東方則向台灣消費者介紹了郵輪與按摩椅。

台灣由匱乏走向富裕，見證五十年的發展軌跡，東方和他的客
戶都沒缺席。

## 第四節　奮戰不懈的東方人

「讓創意更務實」，比 AE 還要 AE 的創意人

# 楊記生

出生年次：1960 年
學歷：復興商工職業學校美工科
進入東方年次與年齡：1988 年，28 歲
在東方工作年數：8 年
進入東方之前的工作：出版社、廣告公司、設計公司及室內設計公司
離開東方之後的工作：現任職寶島光學科技公司

楊記生近照

現今任職寶島光學科技股份有限公司行銷總監的楊記生，出生
於 1960 年，於 1988 年進入東方廣告公司，前前後後三進三
出，自精華的二十八歲起，為東方服務奉獻了七、八年之久，
在公司中負責的是設計、創意領域，一路從執行當到 Group
head。

楊記生畢業於復興高級商工職業學校，畢業後曾服務過出版
社、廣告公司、設計公司及室內設計公司。他提到由於在學
時，復興美工科有著全領域的設計教育，因此畢業後同學散及
服裝、廣告、演藝界、藝文圈都不令人意外，像是現在的皇冠
出版社總編輯亦是畢業於復興美工。

離開東方廣告後，曾進入博上、普陽、金華等廣告公司，在金
華廣告公司解散後在媒體待了一段時間，最後才進入當年服務
的客戶──寶島眼鏡工作，一路做到行銷總監。

回想當年的東方，規模非常龐大；楊記生提到第二次重返東方
時，人數已高達一百四十多人，十分可觀。這家本土且具規模
的廣告公司，當時服務的客戶涵蓋了所有範疇，汽車方面如雷
諾汽車、台灣克萊斯勒、日本馬自達汽車、順益汽車所代理的
三菱汽車與 Fuso 貨車等，個人用品如佳麗寶、金美克能，而
家電有台灣松下、普騰等，另外還有生活泡沫紅茶、富士軟
片，光是回想起來就得費盡許多的腦力及時間，可見當時東方
客戶的多元。

提起當年有趣的工作回憶，楊記生說東方與外商廣告公司最大

圖5.4.1 東方作品：雷諾汽車廣告（1989）

的不同就在「部門的分工」：在同一專案團隊裡，創意部門與業務部門之間，分工不如外商廣告公司那樣精細，部門與部門之間的交涉並不會壁壘分明。在外商公司，創意部門的點子，業務部門通常不可干涉；但在東方，大家都一起打拚完成案子，因為團隊作業關係，業務與創意部門常需要互相溝通，也因此建立內部共識，相處十分融洽，而團隊與團隊之間也常互相串串門子，下了班往往就是一起去吃飯、喝酒，上班閒暇時間也一塊兒談天說地，公司氣氛非常和諧。

有一回大伙兒正談著聊著，一位同事竟從櫃子裡拿出一瓶酒，問大家想不想喝，眾人當然不放過這樣閒情逸致的大好機會，便興致勃勃的一杯接一杯，越喝越起勁；喝著喝著，發現沒有下酒菜助興，便下樓到通化街買下酒菜；吃著吃著，換酒沒了，再下樓買酒，就這樣來來回回買了好幾趟的酒、好幾趟的菜。事後隔天雖然被清潔的王伯伯罵到臭頭，現在回想起來卻非常過癮。大家吃著喝著，究竟都在聊些什麼呢？楊記生笑說，大家都是在廣告公司裡打滾的人，怎麼聊也脫離不了一些接觸客戶、做案子時的種種甘苦；而在東方服務的時光，上班只是有形，腦子總是二十四小時加班，面臨比稿時壓力更是大，但也因為這樣的工作氛圍讓回憶多半是愉快的。

也曾待過外商廣告公司的楊記生說，在某家外商廣告公司待了

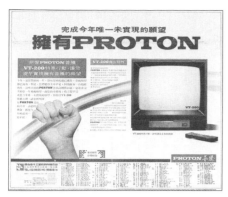

圖5.4.2 東方作品：普騰電視廣告（1987）

兩年仍不太能接受他們的運作模式，而比起外商廣告公司，他就比較喜歡東方，也認為為了綜合考量，創意被修改是可接受的。

廣告大師大衛・奧格威（David Ogilvy）曾說過，「再好的創意，沒有銷售也是零。」楊記生說，這句話他在東方服務時體會特別深，因為在這幾年裡，他們做的是「比AE還要AE的創意人員」，在東方的創意人員也是要出門的。他說許多創意人的本位主義很重，非常堅持自己的創意點子，但其實說穿了創意也只是業務的一個環節。在外商公司裡，創意部門總是非常強勢，且要求能突破和得到大大小小的廣告獎，但往往因為不如業務部門那樣了解商品屬性和文化，而空有強烈的表現，對客戶的銷售卻沒有幫助。這樣的情形就如同當今台灣有許多得獎的國片，叫好但票房卻不見得叫座。像這樣就有賴部門之間互相溝通，業務部門可以適時的給予創意部門意見，而發展出不脫離「產品」的完美創意策略。

楊記生舉了一個當時的案子，在房屋仲介業尚未發展成熟的年代，他們進行一家房屋仲介業者的比稿，經過許多研究與調查後，得知消費者對於房仲業的要求即是講求「誠實、信用」，因此他們便以此作為策略基礎進行提案，不過後來因為客戶要求的是「令人驚豔的強烈創意」，而輸掉了這次比稿。點子很強的創意，其實毀譽參半，之後這家房屋仲介業者在銷售數字上並沒有提升，近年觀察房屋仲介業廣告的方向，更可以印證自己當年的想法是正確的。

在東方工作的經驗，讓楊記生之後的生活、工作若遇到與對方想法牴觸時，會試著從對方的角度去思考。雖然提到許多創意不可強出頭、應與業務作協調，但楊記生仍勉勵在學學生不要拘謹，應有海闊天空的想像，畢竟「讓創意更務實」是要從經驗裡磨練的，他笑著說：「那可是我磨了二十多年才有的心得呢！」既然學生沒有包袱，就不必畫地自限，可以大膽的飛。

（撰稿：高鈺純）

在東方學習做事方法：本土人情與日式細膩

# 邱崇文

出生年次：1963年

學歷：淡江大學德文系

進入東方年次與年齡：1989年，26歲

在東方工作年數：1年8個月

進入東方之前的工作：無

離開東方之後的工作：台北志上廣告公司、台北聯旭廣告公司、北京靈智廣告公司、香港靈智廣告公司、台灣匯豐銀行電子商務市場暨行銷品牌副總裁、達康網科技行銷部副總經理

邱崇文近照

1989年，年僅二十六歲的邱崇文透過考試的方式踏入廣告界，這是他進入職場的第一份工作，當時的他對廣告的領域既陌生又好奇，經由部門主管侯榮惠副總與楊德英經理的指導與帶引，以及蔡鴻賢副總與各部門主管的協助下，在東方工作將近兩年，期間在創意部、製作部、業務部學習磨練，這番磨練也讓邱崇文學習到「做事要講策略與方法」的重要性，讓他在服務客戶上，學習到如何快速精準地抓對方向，也為日後接受更大挑戰奠下了堅實的基礎，邱崇文一再表示對東方的感恩，感謝當時紮實的培育與教導。

回顧1989年，正值廣告業風起雲湧的年代，整體產業因為適逢台灣經濟持續成長、股市狂飆，以及開放外資政策，因此吸引了國際性的外商廣告公司進入台灣市場，並帶來新的觀念，整體廣告產業形成一片本土與外商廣告公司的競爭態勢。東方身為台灣第一家綜合廣告代理商，是大型的本土廣告公司，同樣也面臨著白熱化的多元競爭，在當時董事長溫春雄與領導團隊的帶領下，積極地進行著一系列具前瞻性的改革與發展訓練，並領先所有廣告公司、第一個建立台灣消費趨勢與消費者生活型態調查系統（ICP），轉眼近二十年，如今東方所建立的E-ICP東方消費者行銷資料庫網站，已成為國內市場調查權威資訊，為企業與大專院校廣泛引用參考，是台灣重要的生活指標研究。而東方在當時，就以透過融合本土、日系與歐美等東西方的廣告文化，提供新的策略思維及執行方式，逐步建立出屬於東方廣告獨有的競爭優勢與風格。

圖 5.4.3 東方作品：東亞太陽神日光燈廣告
（1986）

當時邱崇文所服務的客戶群，包括有恆昶公司富士軟片、東亞照明、佳麗寶化妝品與保視力隱形眼鏡公司等等，當年一起工作的團隊所參與製作的廣告作品也屢屢獲獎，得到肯定。回顧當年的客戶型態，主要是以本土及日系客戶為主，也因此有機會學習到除了在專業領域的知識外，如何在客戶服務上用心對待，包括基本的電梯迎賓送客的禮節，還有會議前的準備檢查等等，而在過年過節問候客戶的一般習俗上，公司更有著本土文化的濃厚人情味，與日式文化特有的細膩，對於客戶的經營十分用心。邱崇文回憶，有一年的中秋節，他陪同業務企劃部楊德英經理，當天一大早便出發，從台北一路開車，到位於桃竹地區的客戶，一家一家的拜訪送禮，一步一腳印的經營和深耕與客戶的關係，回到台北時都已經是午夜了。當時楊經理一邊耳提面命，仔細地解說、叮嚀與各家客戶應對時的細節，並親自示範如何與顧客交流，在那些身教言教的行動中，也讓邱崇文體會到，東方對待客戶的細膩及用心，更了解做生意要顧及的面向其實十分的繁複，很多地方的紮根，需要平常日積月累一點一滴去看顧，絲毫不能大意，這也是一直以來東方所保有十分彌足珍貴的傳統。

此外，邱崇文亦提及東方對於員工成長的用心培育，在「專業」上所給予的訓練，除了提供各式各樣長短期的學習訓練，包括全公司年度的大型訓練營，也常實「做中學」的理念，透過平常的細節要求，來提升個人的工作品質。舉例來說，在準備正式會議簡報前的檢查工作，主管會嚴格要求細節，小到書面報告上重複裝訂的訂書針痕不可以有錯位，以期從簡報提案展現廣告公司的專業與一絲不苟，因為當面對強勁的比稿對手時，客戶往往在整體的策略表現之外，也從執行細節的完善與否，做出最後決定，因此平日對於執行細節的嚴格要求，其實就是最好的實務訓練，唯有平常就做好準備，才能克敵制勝；簡報的裝訂、包裝，也可視為行銷的一環，而東方所給予的教導，正是全面的專注與要求，而透過整合策略與專業本能的培養，包括從思考到執行的一貫訓練，仔細聆聽客戶需求、透過調查幫助客戶了解消費者的需求，然後在客戶期限下擬定有效策略等訓練，都是邱崇文在東方工作時期，所學到最珍貴的一課。

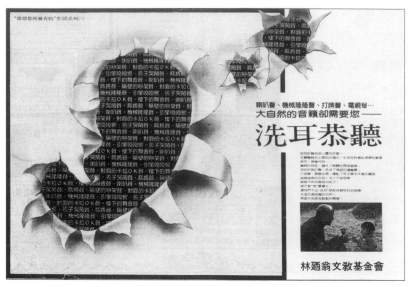

圖5.4.4 東方作品：林迺翁文教基金會廣告（1988），獲第十一屆時報廣告獎金牌獎

在與東方同事互動的過程中，對於溫董事長伉儷的印象，就是深具風範的長者，也常從部門主管中，聽到溫董事長早年創業維艱的過程與前瞻性的事蹟，包括引進台灣最早的行銷概念，或是從事最早的台灣市場調查等，顯見溫董事長伉儷的腳步，總是走在時代前端，東方的成長也見證著台灣廣告的發展。此外，更令邱崇文印象深刻的是董事長夫人溫林翠晶女士，她對於公司客戶經營的用心，從許多地方都可以感受到，並且由衷的敬佩。邱崇文回憶說：「有一次在電梯門口，剛好看到董事長夫人正在送別日本客戶，在電梯門前，雙方深深的鞠躬作揖相互道別的動作，美得像一首協奏曲，是那樣地和諧圓融而體貼，與客戶之間那種深厚的關係不言而喻，從這些看似無關緊要的小動作中，不僅看到溫林翠晶女士對於客戶的細心經營及重視，也展現了廣告界前輩的優雅風範，令人動容。」

雖然在東方廣告僅有短短一年八個月的工作歷練，卻是開啟邱崇文在職場生涯的重要階段與契機，在東方所接受的磨練、所學到的做人做事的道理，都成了日後闖蕩職場的寶貴資產，欣逢東方廣告公司創立五十週年慶的大喜事，邱崇文除了由衷地感謝東方曾給予的工作教導，也藉此祝福東方在未來的挑戰中，每一步都能走得更穩健，繼續引領台灣廣告產業開創更輝煌的歷史。（撰稿：廖文華）

建構在地觀點的品牌策略
# 陳建州

出生年次：1960 年
學歷：國立中興大學歷史系
進入東方年次與年齡：1991 -1995 年，31 歲；1996 -2000 年，36 歲
在東方工作年數：8 年
進入東方之前的工作：聖經公會推廣人員、志上廣告業務經理
離開東方之後的工作：躍獅影像、黃禾廣告、傑登行銷，2004 年自行創業加盟
台鹽生技

陳建州近照

志上廣告是陳建州進入廣告圈的第一份工作，但最早的工作經
驗則在聖經公會服務，主要負責翻譯聖經及做推廣聖經工作，
因而接觸到廣告及行銷。當時會進入東方，是因為陳建州的語
言專長被蔡鴻賢總經理發掘，當時外商廣告公司紛紛進入台
灣，東方也面臨轉型過程，在這樣的因緣際會下，陳建州第一
次進入了東方服務。

回顧當時的廣告圈，陳建州說「整合行銷傳播」的概念時常被
提起，其中聯廣是最早提出的，大家雖然知道這個名詞，但整
體的操作上，業界還是對它很陌生。當時陳建州負責「兒童燙
傷基金會」一案，那時「公益行銷」的觀念正好被引進國內，
而陳建州恰巧也運用國外整合行銷概念來操作此案，並在有限
資源裡將它極大化，因此該案一炮而紅，上層對這個案子也非
常支持，陳建州很欣喜的提及：「這個案子也直接跟客戶維繫
了很長的一段合作時間。」提到該案，陳建州揚棄過去教條式
的宣導，而使用故事性、音樂性及整合行銷概念來操作，得到
了電視台支持，願意配合在公益廣告時段播出，因此燙傷預防
的概念在當時獲得很大的迴響。

陳建州提到公司給予員工很多的栽培，他很珍惜那段時光。他
說東方做了很多改變及投入資源來做員工教育訓練，當時廣告
業獲利還不錯，因此公司也願意投入資源來提升員工素質。訓
練課程包括了整合行銷概念、行銷工具運用、直效行銷、電話
行銷、公益行銷等，另外當時東方已雇用資料庫專長主管，也
成立公關部門來因應當時廣告業多元化工具的需求，廣告人就
像海綿一樣可以吸收很多知識，而客戶也從整合行銷操作過程

中運用整體行銷工具，陳建州說九〇年代是值得紀念的，整個廣告業在這樣的運作下專業化迅速提升。

提及第一次離開東方廣告的原因，陳建州說是自己想要學習「品牌」操作，那時「brand-equity」的概念剛出來，他積極地想學習外商的know-how，並了解國外品牌如何操作，因此便到奧美廣告公司擔任助理業務總監。陳建州回憶，奧美那時提出了所謂「orchestra」概念，即交響樂團概念，也就是不同樂章其實會有不同的演奏工具，因此不同的客戶性質在不同的行銷階段應使用何種行銷工具就是「orchestra」的概念。那時的主要客戶有聯合利華，陳建州開始接觸女性商品，學習如何使用女性觀點來看待消費性商品。在奧美待了一年後，1996年蔡鴻賢總經理又將陳建州二次帶進東方，二度結緣也讓陳建州更融入東方這個大家庭。

陳建州第二次進東方時，電器產業發生了重要改變，過去電器是松下獨大，但日立品牌的崛起開始讓電器產業生態產生重大變化，也開啟了電器產業百家爭鳴的階段。1996年，陳建州接下專戶協理，負責廣告及客戶服務部分。從外商公司再到本土公司，陳建州提到中間是有差異的，他說：「當國外在操作品牌時，是在比較成熟的廣告環境中去操作，但當時大部分的人還搞不清楚品牌是什麼，還是用比較舊的思維模式去看待。」那時無論是客戶或同事都是需要被教育的。當時東方上層支持陳建州積極做內部員工教育訓練，他也是講師之一，在吸收奧美經驗後，陳建州用自己的方式整合重新消化，並整理歸納出屬於東方、具在地觀點的客戶品牌管理策略。

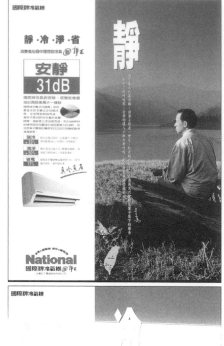

圖5.4.5　東方作品：國際牌冷氣機系列廣告I（1998）

陳建州同時也將這樣的品牌管理運用在專戶服務中，其辛苦的成果也獲得客戶肯定，1998年專戶作品（國際牌冷氣機）便榮獲第二十一屆時報廣告金像獎電器類電視廣告銀牌獎，而該年金牌獎從缺。當時一系列廣告特別邀請吳念真導演拍攝，談的概念是「安靜、冷、省」，轉化成台灣俚語就是「真冷、真省」，在琅琅上口以及使用環境因素下，重新賦予該品牌新的生命價值。陳建州謙虛的說：「這背後當然有很多的努力，重要的是來自於經營階層的支持以及同事之間的配合。」

圖5.4.6　東方作品：國際牌冷氣機系列廣告Ⅱ
（1998）

回憶與同事之間的互動過程，陳建州表示大家的感情都非常好。在他跟過的這麼多老闆中，蔡鴻賢總經理可以說是一個沒有架子的經營者，用一句台灣話來說就是很有「頭家量」，有雅量去包容不同的意見。陳建州目前也是一位經營者，就常常以蔡鴻賢總經理或是「Madam」為標竿。

另外，東方有一個很好的傳統——開週會，週會某個程度是比較管理導向，因為東方整體經營體系受日系影響較深，猶記得董事長溫春雄最常說的「向零挑戰」、副董事長黃宗鎧的「戲棚下站久了就是你的」，他們講這些其實有經營上的體會及想法。陳建州提到目前自己也是經營者，更能體會經營者當時的想法。

由於自己本身是文組畢業，非廣告領域出身，因此陳建州深信必須付出更多的努力來吸收新知，他認為社會就像一所大學，進入新的領域就必須比別人更努力來堅持自己的人生歷程。那時候陳建州非常用功的唸了很多書，當時的博報堂轉介了很多日本相關的廣告行銷書籍，陳建州就這樣一步一腳印的累積自己的實力，在東方廣告裡奉獻所長，同時也為東方博得廣告獎項的殊榮。

從管理層面出發，陳建州認為純作廣告，服務成本過高，因此若有商品，再加上過去的行銷經驗加持，應該會有所突破，於是他在2003年選擇創業、2004年加盟台鹽，同時為了區隔台鹽商品的差異性，陳建州運用了蔡鴻賢總經理常講的一句話「你有槍、我有槍，哪有什麼不一樣，但是我多了一把刺刀或是手榴彈，我就贏你」，並將這樣的差異性概念運用在台鹽商品上，因此二樓的SPA館終於誕生。回顧過去東方八年的磨練，確實給予陳建州在創業路程中良好的底子及操作概念，這是他最感激東方的地方。（撰稿：廖文華）

在紮實的員工訓練中學習

# 林慧

出生年次：1967 年

學歷：輔仁大學會計系

進入東方年次與年齡：1991年，24歲

在東方工作年數：2-3 年

進入東方之前的工作：無

離開東方之後的工作：香港旅遊局行銷傳播主任、台新銀行、群益證券行銷企劃

畢業於輔大會計系的林慧，還在唸書就知道自己未來要走的方向是企管及行銷，除了上課之餘，也勤奮的在各個單位打工，像是AIT、外貿協會等，會進入東方也是因為打工關係。林慧曾經幫《中國時報》四十週年慶活動擔任翻譯，後來《中國時報》承辦該活動的人到了東方工作，剛好東方有活動翻譯的缺，她就被引薦進來，大學還沒有畢業，就確定畢業後可以進東方。

林慧近照

因為清楚知道自己興趣的領域是什麼，林慧一進東方就擔任AE業務，雖說不是廣告相關科系畢業，但在東方邊做邊學也將工作處理得不錯。林慧說，業務就像一個窗口，必須要清楚掌握公司各個部門的資源和狀況，也要能清楚的傳達客戶需求，所以業務幾乎在每一個流程都會參與到。像是有一次，她的藥廠客戶因為遭逢藥品平行輸入的問題，影響到藥品的銷售量，身為業務，就要準確地傳達客戶問題給公關部門來做一些處理。

在當時的廣告界中，東方是一個很棒的公司，不只公司員工人數破百，也是本土廣告公司中的翹楚。林慧還記得當時的總經理蔡鴻賢總是跟他們說，「我們不是本土，我們是本土化的公司，」道出在當時土洋並存的廣告界裡，東方不只是本土廣告公司，也比外商更瞭解台灣本地的經濟脈動、市場需求及消費趨勢。

東方在當時的走向很清楚，十分注重行銷這一塊。除了廣告業務之外，東方還有一個很有名的市場調查資料庫——東方線上，也就是現在大家熟知的E-ICP。林慧回憶起當時的廣告業務，跟現在是很不同的。當時的廣告主很倚賴廣告公司，除了

行銷、廣告、媒體關係的建議外，甚至有些客戶會要求廣告公司參與產品定價、店頭通路調查、市場調查以及危機處理等。而現在的廣告公司因為分工太細，許多環節都是外包給其他公司，所以現在的業務是幸福但又有點可憐，因為他們沒有像以前一樣掌握通盤流程與細節。

東方也是個十分有人情味的公司，林慧說他們那時候在公司裡都互稱哥、姐，還曾經有一個主管說不要這樣稱呼，感覺很不專業，好像東方廣告是家族企業一樣。東方就像是一個大家庭，每個人都有不小的工作壓力，也會因為創意、策略有不同的意見而爭執，抒發方式不外乎吵架或是吃吃喝喝，但是大家都有一樣的共識，不管怎麼吵、怎麼鬧，都是關起門的事，出去就是一個團隊，只有團結才能做好事情。

在動腦會議上可以天馬行空，甚至還能幫主管取綽號。林慧最記得的就是當時東方的總經理蔡鴻賢，大家私底下都會叫他「蔡大餅」，而且他自己也知道這個綽號，這個綽號的來源是因為蔡總經理總是喜歡「畫大餅」給下屬吃，提供下屬美好的遠景，希望把「大餅」當作誘因吸引下屬衝刺。除了綽號之外，東方裡也充斥著各式各樣的「怪咖」，有人像流氓、流浪漢，也有人像書店老闆，每個人都是被自己包裝過的品牌，非常鮮明。

東方廣告的靈魂人物溫春雄董事長，在林慧的這個階段，只有在年終尾牙餐會才能看到他的身影。關於董事長的事蹟大多都是從Madam——董事長夫人溫林翠晶女士那邊聽來的。林慧說，董事長的腳步始終走在前面，不論是引進百事可樂或者東方的消費者研究資料庫，都是領先全國，溫董事長可以說是一位前瞻的領導者。

東方算是比較嚴謹的廣告公司，不僅上下班要打卡，總經理更是一早就會到公司去點名。而每個新進的東方員工都需要參加兩天的新生訓練，包含一些禮儀課程或是帶去印刷廠看印製流程，每年也會有員工教育訓練，內容視當時市場與產業而調整。林慧說印象最深刻的就是美姿美儀的課程，指導公司員工怎樣的穿著適合面對客戶，什麼才是合宜的行為舉止。但因為

圖5.4.7 東方作品：富士軟片廣告（1992）

廣告公司裡總是會有一些比較不修邊幅的同事，所以上美姿美儀的課時總會鬧出很多笑話，到現在都還記憶猶新。

東方在員工訓練上以紮實著稱，除了廣告宣傳企劃流程、創意發想外，公司還有東方線上，有興趣的人可以去參與、觀察，林慧自己就在市調這一部分學到很多。她本來就對市場行銷有興趣，所以只要手上的客戶有市場調查案子，她就會去觀察調

查的過程或是焦點團體訪談是如何進行，不但可以瞭解到調查如何設計、進行，也可以直接感受到消費者對於客戶產品的觀感。

「我常跟同事說廣告是勞力跟腦力密集的行業，」就拿廣告公司最常見的比稿來說，比稿令人緊張，事前的準備工作更是少不得，林慧說因為壓力大，比稿前的動腦會議大家總是邊做邊玩地發想創意，有人負責搞笑、有人負責動腦。但是工作畢竟是責任制，每個人有自己需要負責的領域，林慧就曾經因為準備比稿在公司待到晚上十一點多還下不了班，家裡又有門禁，只能邊做邊哭，真的做不完也只好帶回家繼續做。林慧回憶，那時候家人很不能諒解，為什麼在公司加班到那麼晚，回了家還有那麼多公事要做。

除了當業務之外，林慧還曾經幫忙客戶拍攝平面廣告或是廣告配音，在她離職前為虎標萬金油策劃的廣告還得到當年的廣告金像獎。雖然在東方的兩、三年有苦也有甜，但是現在回想起來，覺得那時候的生活精采極了，年輕的時候能夠有這種體驗實在很特別。

後來因為結婚的緣故，林慧離開了東方，在海外生活了一段時間後，回到台灣，到在台香港旅遊局工作。在港旅局一樣擔任廣告、公關、行銷工作，從市場調查到廣告策略企劃完全一手掌握。因為香港人比較實事求是，所以常常需要做很多調查或焦點團體訪談，這時候在東方學到的調查技巧便派上用場。也因為當業務需要整合溝通許多部門的資源，又需要直接與客戶溝通，東方的經歷也讓林慧磨練出人際溝通的好本領。

東方帶給林慧最棒的資產就是同事，因為曾經共患難，感情也特別深厚，一直到現在都保持聯繫。甚至當初林慧從香港旅遊局要換工作到銀行時，都是以前東方同事介紹的。

在當時的那個年代，東方就像是個培訓所，許多之後叫得出名字的廣告人都是從東方出來的，林慧回想自己的老東家，總是覺得與有榮焉。（撰稿：楊喻淳）

加班睡在國際牌冰箱的瓦楞紙盒上

# 沈由言

出生年次：1953年

學歷：文化大學大眾傳播系、 美國紐約理工學院傳播藝術碩士

進入東方年次與年齡：1993年，40歲

在東方工作年數：2年

進入東方之前的工作：欣欣傳播、吉廣廣告公司

離開東方之後的工作：現任崑山大學公共關係暨廣告系助理教授

沈由言出生於1953年，1976年最早在欣欣傳播，之後在吉廣廣告公司擔任總經理，在經歷十多年的工作經驗後，沈由言選擇到美國紐約深造，1993年回國後即在世新大學、文化大學及基督書院兼課，最後經由當時的副總經理侯榮惠引薦進入東方，擔任業務一部協理。

沈由言（1993）

回顧當時的廣告產業，外商蓬勃發展，外商廣告公司透過兼併或自創子公司逐漸在台灣站穩根基，外商進駐對台灣廣告產業帶來刺激，東方也從內部開始進行調整與員工訓練，當時的幾位協理及副總規劃訓練方向，選擇假日在渡假中心從事員工訓練，聘請當時有外商經驗的講師，融合歐美及日本經驗。沈由言說，「廣告公司最重要的是人才及客戶，如何把人才訓練好以及提供客戶良好互動，是廣告公司經營中最關鍵的。」這樣的方式才能留住比較好的人才。

提及與客戶的互動，沈由言回憶初進東方時原先在業務一部擔任協理，後來調到松下專戶部服務，松下是當時東方最大的廣告客戶，專戶部有十四名員工，專戶部的運作是日本的制度，從標籤設計到廣告拍攝都由專戶部完成。回憶那段時間，沈由言深刻體驗到日本人要求作品的精細度及對時間掌握的準確性，但這樣的精神卻讓初進專戶部的新進同仁很難適應，沈由言不諱言說：「我們那時常常是晚上當白天用，下班後回家洗個澡就再回公司陪同仁加班，做到凌晨二、三點，累了就睡在國際牌冰箱的瓦楞紙盒上，加班到這麼晚也沒有公車了！」當時公司常常是下午五點開完會就必須將工作發落給同仁，而隔天早上九點就必須完成交件，沈由言如今回想，是蠻心疼那段日子一起打拚的年輕人，但那樣的回憶是值得、有趣的，而當

圖5.4.8 東方作品：國際牌全自動電冰箱（1993）

時廣告公司的創意部門生態就是如此。

台灣松下就在台北縣中和，當時沈由言仍在世新、文化兼課，董事長與「Madam」常跟沈由言說教完課後，直接到中和客戶那裡，讓客戶可以看到你。與松下專戶林武雄處長兩年的積極互動下，亦從他身上學習到非常多東西，當時松下專戶宣傳處亦配置四十多人，是窗口對窗口的合作模式，與媒體、記者或是電視台業務間也建立了良好的互動關係。沈由言說當時台灣尚未有公關公司或是媒體公司，所以當時的AE做的工作比現在多很多，負責的層面也較廣。

除了當時負責過松下專戶外，客戶尚包括生活飲料、兒童身得壯、富士軟片等，軟片部分曾經得過時報廣告金像獎，但軟片也因數位相機崛起而沒落了，因此整個廣告生態也隨著客戶起伏而產生變動。在東方二年的工作經驗中，沈由言體會最深刻的就是日本人的做事精神，接觸到的客戶如松下專戶或是富士軟片，他們對於品質的要求、時間的精確掌握，無形中也提醒我們必須要有實事求是的精神，日後在教學的生涯中，沈由言更將日本人的這種工作精神帶到校園，並讓學生了解過去自己所執行的成功個案，在理論與實務領域中找到最佳的銜接點。

沈由言認為廣告人對廣告應持有熱情，每一種行業都有起起伏伏的淡季、旺季，人生也有高潮或是低潮，如果認定要走廣告這行，包括收入或是個人福利就先不要想太多，有熱情才能積極投入，他以此勉勵初入廣告界的年輕人能夠盡情揮灑自己的長才。

回顧東方歷史，沈由言說當初溫春雄編撰的《商品銷售法》最具先見之明，而東方的E-ICP更是大專院校或企業不可或缺的資料，儼然已成為台灣重要的生活指標，更是東方廣告發展史上最具代表性的作品之一。對於東方廣告未來的展望，沈由言期待東方廣告可以從網路行銷、中國市場、以及E-ICP重新出發，找回過去屬於東方的榮耀及發展目標。（撰稿：廖文華）

在「一個不擔心的環境」成長
# 胡國驊

出生年次：1966年
學歷：國立藝專廣播電視學系
進入東方年次與年齡：2003年，37歲
在東方工作年數：2年多
進入東方之前的工作：清華廣告、華威葛瑞廣告
離開東方之後的工作：百帝廣告、自行創業行銷公司

在東方廣告公司的兩年半中，胡國驊除了在工作上表現傑出外，與合作團隊的好感情對她來說更是珍貴的回憶。「我還記得，每次比稿不管比到比不到，合作團隊都會在比完稿後一起大哭、大玩。」留著一頭俐落短髮的她，說起話來率直的個性顯露無疑。

胡國驊（2003）

提到當初為什麼選擇進入東方，胡國驊有些不好意思地說：「其實是想要換一個輕鬆一點的工作環境。」但是進入公司後才發現，並非像自己想像般的容易，等待著她的是更多的挑戰。

「和很多公司的前輩比起來，我的資歷是很淺的。再加上剛來到新公司算是新人，因此公司常讓我去『比稿』。」大大小小的比稿雖然背負著壓力與辛苦，但是對胡國驊來說，這也是東方廣告提供給她最好的學習機會。「我想是心態不同吧！我會比一般的廣告業務更投入、接觸更深。舉例來說，我們曾參與觀光局在香港做旅遊廣告的比稿，我們會從整體市場來進行評估並深入了解，因此我們就必須知道香港人週末都喜歡到哪裡玩。」

另一次印象深刻的比稿經驗是中華電信固網案子。因為預算高達兩億，因此當時的團隊可說是卯足全力，胡國驊描述起這件案子的過程，「那時候我們謹慎到連樣本DM都真的請廠商印刷，這麼做都是希望可以拿下這個案子。」甚至在提案的前兩三天忙到幾乎都睡在公司，「我只有在提案前會回去洗個澡、換個衣服。」說到這裡，胡國驊臉上出現了笑容。她說：「其實我都是表面上裝沒事，實際上得失心很重。」比完稿後，還由總經理帶隊一同去大哭、大玩，抒解壓力。

而BRAPPER牛仔褲的比稿經驗，不僅讓胡國驊贏得這個案子，同時讓她和戈賓公司老闆成為好朋友。胡國驊表示，當年接下這個案子時，BRAPPER牛仔褲是呈現虧損的狀態，而出產BRAPPER牛仔褲的戈賓公司也只提出一千兩百萬的預算。當時的牛仔褲市場開始盛行代言人，擁有魔鬼身材的莫文蔚、高人氣的蔡依林、SHE都分別代言牛仔品牌。「一千兩百萬要製作廣告，並且要在報紙、雜誌、電視、廣播、網路等宣傳，我們根本請不起代言人！」「後來，我們的創意團隊想到了一個『Product is HERO』的概念，也就是讓產品本身說話，當然，這也要戈賓生產的產品夠好。」由這個概念延伸出去的是四大特色，包括：車縫線、口袋位置提高等，明確告訴消費者這條牛仔褲之所以穿上讓人看起來腳很長的原因，以及配合當年特別盛行的減肥風。在廣告上市的兩個月後，業績已經成長兩倍。

由於創意成功，BRAPPER牛仔褲接下來的廣告案子還是交給東方，這次的預算提高到兩千萬，因此開始為牛仔褲物色代言人選。胡國驊解釋著為什麼請小S當代言人的原因，「想想看，一個身高158公分穿起牛仔褲腿卻看起來很長的人比較有說服力，還是本來身高就已經178公分的人比較有說服力？其

圖5.4.9 東方作品：BRAPPERS牛仔褲廣告I（2004）

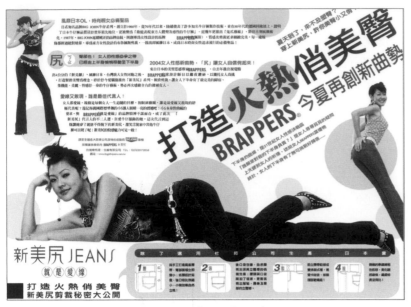

圖5.4.10 東方作品：BRAPPERS牛仔褲廣告II（2004）

實在那個時候請小S當代言人也很冒險，因為她才剛主持『康
熙來了』，而外界對她的評價也毀譽參半。」但最後從銷售數
字證明，他們選對足以表現商品特性的代言人。

另外，胡國騂也因為比稿而將光陽機車的案子爭取回來。雖然
廣告主的預算金額並不算大，對東方廣告公司來說卻深具意
義。因為這是溫春雄董事長生前的心願，也是現任董事長溫林
翠晶一直希望能再次爭取的案子。

談起與董事長溫林翠晶的相處，胡國騂滿懷感謝，「大家都知
道我是『放炮大王』，」秉持「是自己的case，就一定負責到
底」的原則，胡國騂相當敢表示自己的意見，就連面對董事長
也不例外，所以她很感謝溫林董事長對她的包容。胡國騂笑著
說：「我一向都比較沒大沒小！」有一次她把女兒帶到公司，
女兒看到董事長就稱呼董事長「阿嬤」，而胡國騂也就跟著女
兒一起叫「阿嬤」。除了包容之外，「阿嬤」也給她很大的空
間，讓她隨著自己的想法行事。

在胡國騂眼中，「阿嬤」是很傳統的女性，堅持完成前董事長
溫春雄的心願，並且維護這台灣第一家廣告公司的榮譽，也秉
持樸實不奢華的作風。「東方廣告或許沒有其他公司外表來得

光鮮亮麗，但一定是乾乾淨淨、一塵不染！讓員工有個舒服的辦公空間。」胡國驊補充說：「我待過那麼多家廣告公司，多的是那種辦公室看起來很華麗，到了下班時間燈一關，就會有老鼠爬來爬去的情景，這對徹夜加班的員工來說多諷刺。」而「阿嬤」董事長也認為，即便公司有光鮮亮麗的包裝，也不見得能為客戶帶來實質的效益。

溫林董事長堅持給員工「一個不擔心的環境」也讓胡國驊感到敬佩。她強調東方經營幾十年來從來沒有讓員工擔心過「財務」問題，這相當不容易做到。此外，「應酬」文化也是廣告人想避而避不掉的活動，然而，這兩位董事長卻不希望員工浪費太多時間與金錢在應酬上，他們認為「實力」才是勝負關鍵，而非應酬。胡國驊感謝兩位董事長的看法，她說：「與其花時間在應酬，還不如把時間拿來陪女兒玩。」

從事廣告業十五年，連自己都算不清楚到底待過哪些家廣告公司，胡國驊認為東方廣告是少數讓她真正學習到很多的公司。「因為東方的部門相當完整，可以了解不同部門的作業過程，像是市調部門就讓我學到不少。」她鼓勵年輕人，要進入廣告產業就要選擇像東方這樣部門完整的公司，才能學到更多。

（撰稿：周品均）

第六章
進入廣告的「數位時代」

## 第一節　網路神話與電視數位化

台灣廣告「數位期」來自兩波的影響，一是九〇年代末期電腦與網路的引進，對台灣廣告產業帶來革命性的影響，電腦的使用廣泛運用於平面媒體視覺設計與電視廣告影片後製工程，神話式的改善作品水準，使得表現多元，並大幅降低人工成本；而網路的引進，使得「網路」成為媒體，其廣告量亦逐年增加中，創造了二十世紀末流行一時的「網路神話」。

網路的使用是新世紀的特色，2000年資料顯示，台灣網路人口突破650萬人，平均每週使用電腦時數為25.5小時（比1999年增加7小時），平均每天上網時數為2小時，該年網路廣告約8億元，佔台灣總廣告支出約千分之八，2000年、世紀末的台灣正悄悄走入網路時代。

但2001年網路卻提前退燒，.com在1998年、1999年被當作「神」，過度神化的結果使得網路神話提早破滅，2001年2月《明日報》宣布停刊，創刊年餘，當初風風光光的網路報，曾以高薪大量網羅平面媒體記者與高層主管，在虧損數億之後黯然吹了熄燈號。經營媒體應從「人」的角度出發，而不是單純的「科技決定論」，科技當然無所不能，但科技的使用者畢竟還是「人」，網路報的新聞不斷更新，消息遠快於傳統報紙，但是不斷的更新對閱報者有意義嗎？閱報者有如此迫切的「新聞饑渴」（news hunger）嗎？而且要比快，新聞台的電視新聞似乎更快，而且還有聲光效果。

此外，網路報若視為「報」（平面媒體）就應該有發行與廣告收入；若視為「電視」，則內容應該聲光動畫吸引人，再以廣告作為主要財源。《明日報》兩者（平面媒體、電視媒體）皆像又兩者皆不像，只有廣告收入而無發行收入，使用對象侷限年輕人與知識份子，如此當然也侷限了廣告來源。「科技決定論」誤導了媒體經營，也使得誤以為「先跑先贏」的網路報紙提前出局。

而另一波的影響則是電視數位化，我國無線五台（台視、中

視、華視、民視、公視）數位台於2004年7月開播，開啟台灣電視數位化的新頁；接著行政院形成政策，2006年元月起，29吋以上的電視機必須內建數位訊號接收器，並預定於2010年正式收回類比頻道，全面數位化。

所謂電視數位化是相對於類比電視而言，以數位訊號發送、數位設備接收的電視系統，數位化是科技產物，數位化電視將具有如下十項特色：

1. **互動性**：數位不必有互動，但互動一定要有數位基礎，互動性也成為數位電視最顯著的特色之一，有互動性電視即可具備遊戲、猜謎、投票等功能。

2. **行動接收**：無線數位電視具有行動接收功能，除車上行動電視外，手機、手提電腦、PDA均可接收電視訊號。

3. **隨選視訊**（VOD: Video On Demand）：使用者可以主動挑選節目，目前中華電信MOD系統透過電訊網路即具備此項功能。

4. **預錄功能**：經由DVR（Digital Video Recorder）可以儲存節目，使用者能夠保存、倒帶、重複觀看或快轉，並且可以自動刪除廣告只播送節目，此項功能對廣告產業將有重大影響。

5. **資訊服務**：透過數據傳輸，使用者可以點選氣象、新聞、路況、或房屋仲介等資訊服務。

6. **個人化服務**：電視台可以記錄使用者收視狀況，進而提供廣告或特殊服務。

7. **電視上網**：連接網際網路，數位電視機可以成為電腦終端設備，使用者可以直接使用電視上網。

8. **整合廣播**：數位電視可以利用剩餘頻寬提供廣播服務。

9. **高畫質與音質**：透過高畫質電視（HDTV：High Definition TV）可以提升影像畫質與音質。

**10. 多頻道**：經由頻道分割技術，台灣有線與無線系統可以提供數百個數位頻道節目。

數位化把電視廣告變「窄」了！電視不再只是單向傳播媒體，而是具有互動功能的新媒體，不但能夠接上網路、手機，帶來廣告型式改變，其訊息處理也可呈現個人化特質，同時由於頻道大幅擴增，電視廣告將從廣度訴求的媒體變為「窄播」媒體。

數位化後，電視產業看似「商機無限」，但卻可能面對如下的威脅與挑戰：其一是頻道價值稀釋，數位化的特色之一是「多頻道」，經由頻道分割技術，台灣有線與無線系統可以提供數百個頻道，Channel is nothing，頻道價值面臨挑戰。其次是節目需求量大，數位化後的電視，將成為吞噬節目的巨獸，或永遠不會飽的「大胃王」，電視台將不斷提供節目餵食之，以500個頻道計，若每日播出12小時，則一年必須提供219萬小時的節目。第三是廣告成長有限，廣告經營將成為數位化後電視台面臨最大的難題，廣告量的成長將遠遠不及頻道數與節目量的成長。台灣每年電視廣告量約300億台幣，同樣以500個頻道計，每一頻道每一小時只能分到6,900元的廣告費！

此外，節目型態面臨改變，「互動性」是數位化的特色之一，互動性將改變以往單向式節目製作思維，遊戲、猜謎、投票等雙向功能會出現在節目中，此外數位化後的行動接收（mobile reception）功能，除汽車可以收視外，手機、PDA亦可接收，手機與PDA接收若成為主流，小螢幕的表現方式將改變節目表演與視覺呈現型態。

對廣告產業，電視數位化也會帶來前所未有的衝擊，審視社會變遷與國內外經濟發展趨勢，台灣是已開發國家，因此經濟成長已不可能如開發中國家大幅上升，每年若維持4～5%的成長率已屬難得可貴，也因受限於經濟成長幅度，廣告投資亦不可能大幅上揚，因此「經濟成長」與「廣告投資」趨勢將會持平。但因科技發展，使得民眾上網時間增加，媒體類型也變得更為多元，而這些改變會產生媒體替代與襲奪效應，使民眾看電視的時間減少，再加上頻道增多選擇變多，會影響民眾收看

電視廣告的意願。

此外，網路電視（IPTV: Internet Protocol TV）也會改變看電視的行為，傳統看電視是在客廳和家人一齊觀賞，是「眾樂樂」，網路電視則在書房自己看，是「獨樂樂」，同樣看電視，在客廳、在書房有什麼區別？客廳看電視，電視是家庭媒體，家庭媒體是家庭共有娛樂與資訊來源，維持家庭成員間的互動機制。而書房看電視，電視變成個人媒體，個人媒體是透過網路，以搜尋資訊或獲得娛樂素材，並與所歸屬團體形成虛擬互動。換言之，傳統透過家庭互動分享資訊以形成購買決策的電視廣告效果，在網路電視傳播行為中消失了。

同時由於網路資訊流通以及廣告主全球化策略，使得商品與價格資訊透明，因此品牌化（branding）將成為主流，企業對消費者的溝通將透過參與和互動，電視廣告不再是廠商唯一的選項。廣告主將減少傳統30秒電視廣告的投資，改以公關、議題來提升品牌威望，或以促銷強化購買動機、以置入對消費者潛移默化，而這些溝通方式都不是傳統廣告代理商的專長。

而電視台也會加入分食傳統廣告代理商的業務，數位化後頻道增加，但廣告投資並不會隨頻道數而倍增，電視台面臨生存壓力，勢必得改變經營策略。電視台已不只是媒體，而必須同時扮演廣告製作公司、媒體購買公司、公關公司角色，廣告代理商將面對殘酷的競爭。

廣告訊息處理也會產生變化，數位化後頻道增加，稀釋了單一頻道收視人口，使得訊息製作必須更加分眾化、細緻化。而使用汽車螢幕、手機、PDA或手提電腦觀看電視，和坐在家裡客廳舒適的看電視是完全不一樣的收視行為，行動接收最大的困擾是環境干擾，震動、噪音以及其他的視覺或聽覺介入均會使收視中斷，換言之，行動接收可能是不連續的收視行為，因此廣告訊息處理也應不一樣。

此外，傳統電視廣告之所以具備巨大的效果，除觀眾量大外，主要透過線性收視行為（linear exposure），產生強迫收看的效果，觀眾經節目—廣告—節目—廣告之線性收視行為，重複

收看廣告，也經由低涉入感（low-involvement）不斷累積商品印象，因而形成效果。若電視廣告的點選交由觀眾決定，廣告點選率勢必大幅降低，電視廣告將淪為和網路廣告一樣，不再具備「潛移默化」的魅力與涵化（cultivation）說服效果。

面對未來電視數位化的挑戰，廣告產業應思考因應策略，以進入台灣廣告發展的「數位期」。

## 第二節　客戶的期許與勉勵

### 五十年股東、三十年客戶──「珍珍魷魚絲 真正有意思」

「珍珍魷魚絲 真正有意思」這句響亮的廣告slogan，伴隨許多人的童年一起成長，充滿許多祖孫一同分享零嘴的美好回憶，朗朗上口的廣告詞不僅深印在每個人的腦海中，至今也不斷被沿用播送，見證了新和興公司與東方廣告四十多年的合作情誼，可說是雙方共同努力的結晶。

以珍珍魷魚絲與海之味等冷凍調理食品著稱的新和興公司，旗下擁有數百種產品，與東方廣告的結緣始於創始人吳尊賢先生，也就是現任董事長吳昭男先生的父親。第二代董事長吳昭男回憶當初父親是受到東方廣告已故董事長溫春雄活躍商界且充滿熱情活力所吸引，在過去台灣尚不重視廣告的情況下，不僅獨具慧眼入股投資東方廣告，成為多年來事業合作的夥伴，並且開始委託東方承辦新和興商品相關的廣告業務。

新和興公司成立於1979年，搶先推出台灣獨領風騷的珍珍魷魚絲系列零嘴，吳昭男指出，珍珍系列零嘴的特色在於首先開發出乾的魷魚絲產品，迥異於過去傳統先烘烤過的硬式魷魚絲製品，改良後的軟式魷魚絲不僅易於存放，方便攜帶當作零嘴食用，而且因為魷魚絲材質細軟容易咀嚼，特別適合老人小孩享用，廣告中也因此特別強調「小孩老人也能吃」，果然成功吸引消費者眼光，短時間內便創造閃亮的業績，成為人手一包的流行零食，更躍升為台灣三大節慶必備的祭祀聖品。

圖6.2.1 「珍珍魷魚絲」宣傳活動
資料來源：新和興海洋企業公司提供（2006）

而東方廣告對於將珍珍魷魚絲推上零嘴市場的寵兒，可說是扮演舉足輕重的角色。吳昭男表示，1980年新和興公司便大手筆砸下千萬預算，委託東方廣告為珍珍魷魚絲找到市場定位，並透過在媒體上密集的播放，成功打響第一砲，成為零嘴市場的新人氣王。回憶八〇年代如此大膽投入千萬資金製播廣告，可說是少數特例，不僅證明其膽識過人且獨具慧眼，廣告也果不負期待地成功拉抬珍珍魷魚絲的名氣，為新和興創造大利多。時至今日，珍珍魷魚絲仍居相關零嘴商品銷售量的龍頭，仍是消費者購買時的首要選擇，一如新和興當初的產品定位，不論是郊遊、烤肉、看電視均會想要來一包珍珍魷魚絲，好讓生活更有意思。

回想最初珍珍魷魚絲的命名，可是從百多個徵求命名來稿中，幾番精挑細選而來，吳昭男還道出了一段軼事，原來有次他回家吃午餐時順口跟太太提起有意將魷魚絲產品定名為「珍珍」時，太太靈機一動說出了「真正有意思」順口溜，間接促成了廣告slogan的創意發想，後來也被延伸成為廣告中最具代表性的標語。

知名藝人任賢齊曾擔任珍珍魷魚絲廣告主角，其廣告結合RAP音樂，搭配小齊充滿沽力的形象與歌舞畫面，多年前引爆台灣廣告圈熱門討論，並成功形塑珍珍魷魚絲的清新形象，成為年輕人出遊必帶的零嘴伙伴，這支熱門廣告後來在大陸地區播放也深受歡迎，大幅擴展珍珍魷魚絲的知名度。

八〇年代新和興推出冷凍調理食品，其中最有名的就屬「海之味」系列食品，延續之前珍珍魷魚絲的傳統與名氣，「海之味」以東港鮪魚的新鮮食材做保證，順勢推出「真正好滋味」的新產品slogan，開展台灣冷凍調理食品的黃金年代。多年來與東方合作廣告，再次創造出亮眼的利潤成績，證明當初投資不僅沒有看錯，雙方更在一次次攜手成功拓展市場下，情誼日漸深厚且無可取代。

近幾年來，新和興公司在每年台灣民俗三個重大節慶——農曆春節、中元節與中秋節，仍會定期針對佳節禮品與休閒食品系列，委託東方製播廣告行銷，不僅希望刺激年節採購的買氣，

最重要的是加深珍珍魷魚絲與海之味等產品在消費者心目中的品牌印象,透過長期且定期的廣告播送,試圖產生持續性的廣告與品牌形象建立的效應。也因此,新和興公司與東方廣告的合作關係得以長長久久,不僅因為合作順利愉快,更由於東方廣告對於新和興的企業理念與品牌形象已相當熟悉了解,其製播的廣告也確實每每帶動商品的熱賣,相得益彰,不斷地累積信賴基礎。

對於東方廣告的合作信賴與高度滿意,可從新和興四十年來未曾委託其他家廣告代理公司獲得最佳驗證,吳董事長笑稱,多年累積的濃厚情感與信任感當然是主要的因素,但仍歸功於東方廣告公司總能為客戶達到廣告效益的滿意度,尤其過去東方配置有常設性的業務專員,幾乎每天出入客戶公司,隨時提供新的產業訊息與廣告建議,服務相當熱忱貼心,即使後來外商廣告大舉侵入,其周到的服務仍獨樹一格,無法被取代,這也是新和興對東方廣告持續合作的主要原因之一。

另外,新和興與東方均屬於小而美的台灣本土產業,具有傳統的企業務實誠懇的精神,但也不忘創新與開闊新局。不過,本土產業相較跨國公司往往是小規模經營,在各種成本上均得仔細考量,連廣告成本也都需錙銖必較,而東方廣告因為傳承本土文化精神,不僅深諳台灣消費者的喜好,對於長期合作的客戶的企業理念與品牌定位,因為長年累積的經驗,總能清楚掌握,並隨時與之協調改進,透過廣告中充分傳達,引起熱烈迴響與共鳴,創造出主客雙贏的績效,這些,正是東方廣告遠勝於外商廣告的獨門強項,也是無可取代之處。

同時身兼東方廣告股東與客戶的新和興董事長吳昭男,談及本土廣告碩果僅存的東方廣告,帶有幾分的憐惜與驕傲之感,疼惜的是本土廣告公司在外商廣告夾殺下,生存越來越不容易,但是東方廣告卻能一支獨秀,在現任董事長溫林翠晶帶領下,歷經挑戰仍毅然挺立,讓他堅決表示未來不管在資金投注或廣告業務上,仍會支持到底,並對東方廣告不斷在人才與行銷策略上精益求精,不斷思索前進,給予高度的肯定。

最近,吳董事長為紀念其父親所成立的「吳尊賢基金會」積極

推廣「勸世警句」，特別委託東方廣告與媒體接觸擴大放送，希望透過公益與廣告的結合，能為紛亂的社會注入一股清流，帶來更多正面的能量。

吳昭男認為，穩健踏實、不浪費的一貫經營策略，可說是東方廣告最大的資產，也是讓客戶可以信賴的基石，始終站在客戶的立場著想，隨時提供新的趨勢觀察與分析，更讓吳董事長印象深刻，他堅信只要東方廣告秉持服務的熱忱，延攬優秀的人才，跟上時代潮流，找到新方向，肯定仍能再創造出美好的未來五十年。（撰稿：葉思吟）

圖6.2.2 「珍珍」冷凍調理食品廣告　資料來源：新和興海洋企業公司提供（2006）

## 廣告獎的常勝軍——Panasonic

台灣電器龍頭Panasonic公司，從過去代理日本松下國際牌時
期至今，旗下擁有空調、家電、電晶體等數百種產品，而在時
下最流行的「節能減炭」潮流中，其品牌早已領先研發，並以
「省電、不浪費」做為廣告的主要訴求，而與東方廣告合作推
出的精采廣告更是屢獲廣告大獎的肯定，對彼此的形象與市場
行銷可說是相得益彰。如今雙方分別在台灣電器與廣告產業佔
有一席之地，結緣逾四十多年的事業好伙伴，相知相惜，展望
攜手迎接更新的挑戰。

Panasonic董事長陳世昌表示，東方廣告多年來協助國際牌與
Panasonic建立十分出色的品牌形象與商品定位，多支平面與
電視廣告傲視日本松下海外賞金牌獎與台灣年度時報廣告金像
獎，得獎的輝煌紀錄難以細數，例如以水蜜桃、鮮橙與小黃瓜
作為「對於新鮮 我們堅持彈性、我們堅持豐滿、我們堅持持
久」妙喻的國際牌電冰箱廣告，便勇奪1996年日本松下海外
賞金牌獎，而包括國際牌電冰箱與海龍洗衣機等報紙或雜誌廣
告經常是時報廣告金像獎的常勝軍。

至於Panasonic的主力空調商品——冷氣機、清淨機等，其委
託東方廣告拍攝的多支電視廣告片，從1984年後也陸續以戶
外活動、台灣美景（靜釣篇、鹿野篇、美濃篇、奧萬大篇、風
櫃篇、人文風貌篇）或可愛寵物（貓篇、狗篇、雙犬篇、鸚鵡
篇）等廣告訴求，象徵該品牌堅持「舒適、靜音」功能的空調
家電之超高品質，美麗的山水映入廣告畫面深深勾動消費者，
彷彿置身山水間般清新舒爽，而連寵物都能安穩入睡的靜音視
覺感受，讓觀眾直想馬上擁有一台相同的冷氣空調機。

現今政府與民間到處高喊「節能省電」的口號，但回顧當年國
際牌家電用品與Panasonic空調設備的代表性廣告，忍不住會
發出會心一笑，原來「省電、節源」一直以來都是Panasonic
與國際牌始終不變的追求與品質保證。

曾獲第四屆廣告金像獎報紙廣告電器類銀牌獎的國際牌全能洗
衣機廣告，便是以磅秤搭配「斤斤計較」做為商品主要的訴

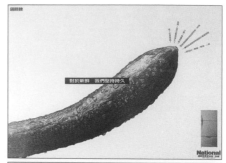

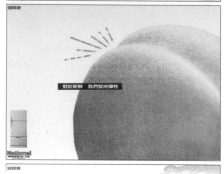

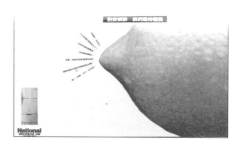

圖6.2.3 東方作品：國際牌電冰箱廣告（1997）
此系列廣告榮獲日本松下海外賞

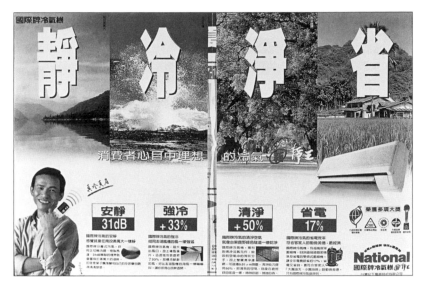

圖6.2.4 東方作品：國際牌冷氣機廣告（1999）

求，同年獲得銅牌獎的還有以農民、勞工朋友為廣告主角，標榜洗衣機對於再難洗的汙垢也能清潔溜溜，以及以家庭主婦輕鬆頭頂成堆清理好衣物的同款商品廣告，標語寫著「能洗能省——海龍頂呱呱」，在這物價高漲、家庭主婦想方設法省錢的年代，相信這些廣告若推出，一樣能深得人心，這也意味不僅是Panasonic品牌商品始終為客戶荷包做最周全的考量，其堅持高品質與貼心的形象，也透過東方廣告製播的廣告一次次地成功放送。

陳董事長對於東方廣告最讚賞之處，莫過於東方總能主動提供包括顧客與經銷商等市場調查的第一手資訊，讓Panasonic公司了解市場的意向與顧客的反應，不僅作為商品研發的重要指標，更可增進在品牌形象與廣告行銷策略上的修正參考，而東方廣告也跟進時代潮流，建立專門的數位消費者資料庫，結合市場銷售，隨時提供最新的分析報告，象徵東方廣告雖然是老字號，但其思想年輕、求新求變，時時保持旺盛戰鬥力與鮮活度，這與Panasonic公司的經營理念可說是相互呼應、步調一致。

若以近期的Panasonic冷氣機的CF「開房間」為例，強調該品牌冷氣機的「動能 感溫」，主打冷氣會根據人數多寡自動感溫調整溫度，達到節省能源的人性化功能，不僅slogan貼近

年輕人術語，畫面也透過輕鬆有趣的演員表現，讓人看了如親臨現場並感同身受，即使未透過知名的明星代言推銷品牌，但簡潔明確與容易引發共鳴的廣告策略，一樣成功達到行銷效果。

廣告總能明確凸顯Panasonic的品牌差異，並達到市場行銷的效益，陳世昌董事長認為東方廣告的表現始終可圈可點，這也是雙方四十多年來合作愉快的最主要因素。他指出品牌商品不斷創新與開發固然非常重要，但如何透過廣告將品牌精神與感情適切地傳達給消費者，則有賴東方廣告多年來的努力與推陳出新的創意。

另外，東方廣告溫林董事長總是事必躬親的敬業態度，讓陳董事長留下深刻的印象。他說，許多Panasonic的行銷與展示秀活動現場，總會看到溫林董事長親臨指導監督，對其客戶的大小活動絲毫不敢輕忽，兢兢業業，作為管理領導者如此主動誠懇的態度，深深打動客戶的心，並產生高度信任感，而這正是東方廣告最大的資產與優勢。而溫林董事長積極推動的消費者資料庫（E-ICP）也顯示其眼光前衛，在掌握最新訊息與貼近時代脈動上努力不懈，不僅滿足客戶期待的廣告效能，更能先一步掌握客戶的需求，提供無微不至的貼心服務。

多年來，Panasonic與東方廣告的合作一直相當順利愉快，不僅過去經常創造出膾炙人口的精采廣告，並激發出亮麗的銷售成績，最難得的是，同樣是品質保證的「老字號」，在創意與企業經營理念上，都不斷求新求變，幾經挑戰均能在各自專業上佔有一席之地。陳世昌董事長多次強調，Panasonic與東方的經營理念一致，新舊兼容、緊跟潮流腳步的企業文化，正是讓彼此共生合作最大的利基，展望未來希望雙方仍能持續往來，更期待透過東方廣告行銷的創意，能讓Panasonic無論在品牌形象或市場行銷上發揚光大，不斷創造出亮麗的成績。

（撰稿：葉思吟）

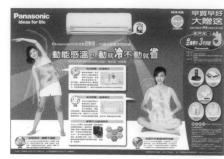

圖6.2.5　東方作品：Panasonic冷氣機廣告（2007）

## 「綠就是綠 藍就是藍 紅就是紅」——富士軟片

以富士軟片與相機著名的恆昶公司，一直以來穩居台灣軟片相片界的龍頭，與東方廣告的情誼超過四十年，一同走過創業艱辛，也共同分享成長與喜悅，在富士軟片一件件成功的廣告行銷文案背後，也映錄了恆昶公司與東方廣告合作的彩色回憶。「色彩就是富士」、「歡樂就是富士」、「記錄就是富士」，這些早期富士軟片的廣告詞，已深植在每一位喜愛攝影的人心中，專業人士拍照時首選必為富士軟片，業餘攝影愛好者更把使用富士軟片視為品質安心的保證。

提起東方廣告多年來為恆昶公司的富士軟片所製播的廣告，恆昶公司董事長沈愛根先生開口便滿意地指出，富士軟片委託東方廣告製播的廣告作品可說是台灣廣告大小獎的常勝軍，例如「綠就是綠 藍就是藍 紅就是紅」等許許多多讓人朗朗上口的富士軟片廣告口號，不僅辨別度高，且讓消費者容易留下深刻印象，再搭配充滿色彩與歡樂的廣告畫面，多年來，東方廣告每每在富士軟片開拓商機的關鍵時刻上，扮演不可或缺的角色。

早期富士軟片最為人津津樂道的廣告，莫過於三十年前朱海玲餵鳥吃米「抓住一瞬間」，如假包換的鮮活畫面，讓人十分驚豔在過去電腦科技不成熟的情況下，東方廣告竟能創造出如此生動的「喀嚓」般定格效果。提起這支廣告片，沈愛根董事長至今仍記憶猶新，再次對富士軟片過去廣告中，經常使用卡通創作出動物跳出畫面的特效，大表讚賞且引以為榮。畢竟，透過廣告鮮活搶眼的聲光呈現，才得以將富士軟片的質感與品牌精神傳達給消費者，尤其軟片商品特別強調色彩鮮豔與飽合度，東方廣告可說是精準地「抓住」富士軟片的精髓。

多位當紅的影歌星，尚未成名前也曾代言富士軟片，拍攝多部平面與電視廣告，例如沈愛根董事長還特別拿出張惠妹剛出道時頭戴牛仔帽的帥氣造型廣告海報，上面寫著「擺自己的pose 選自己的軟片」，阿妹靈活的眼神、燦爛的笑容展現富士軟片所欲記載的青春美好，之後富士軟片更大力贊助阿妹的首次演唱會，雙方合作愉快創造雙贏。當時的年輕偶像林志穎與

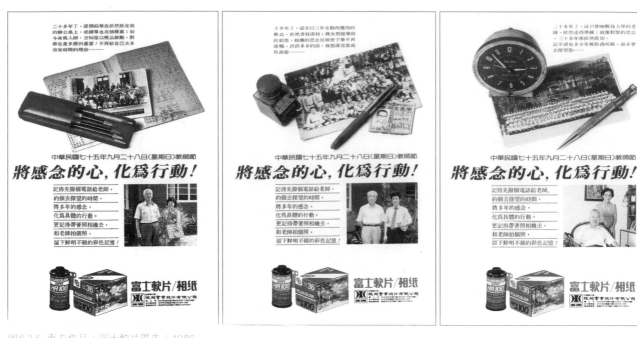

圖6.2.6 東方作品：富士軟片廣告（1986）

周華健，也曾擔任富士軟片代言人，廣告訴說一群年輕人到陽明山遊玩，下山後興奮地衝進相片館沖洗底片，滿心期待看到照片的喜悅表情，此時「當假期結束，回到都市之中……」的歡樂歌聲響起，屬於年輕人的快樂回憶與富士軟片形象緊緊結合在一起。

回顧富士軟片廣告中的代言人，會發現原住民經常扮演廣告中的重要角色，主要考量富士軟片想要凸顯的清新自然與歡樂的形象，透過原住民的colorful文化印象，以及其眼珠黑與輪廓深的亮麗多彩表情，兩者搭配充分彰顯品牌的特色，「色彩就是富士」、「歡樂就是富士」、「記錄就是富士」，不管是人生重要日子或出門開心的旅程，都想讓人透過富士軟片留下最美麗的回憶。而這些代言人成功放送富士軟片的品牌精神，沈愛根董事長認為首先要歸功於東方廣告總能提出最佳代言名單，因為代言人稱職的形象與表現，是廣告達到效果的重要關鍵。

除了偶像歌手，知名的歌曲創作人李宗盛二十多年前也曾為富士廣告歌曲捉刀，並在廣告中特別唸唱一段「綠就是綠 藍就是藍 紅就是紅」的slogan，以及「我只要最好的～～～～Fuji Color～～～」，據說當時李宗盛特別強調既然是富士軟

圖 6.2.7 東方作品：富士數位相機廣告 I（2007）

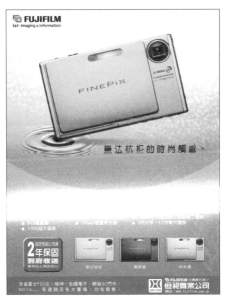

圖 6.2.8 東方作品：富士數位相機廣告 II（2006）

片的廣告，那麼廣告的歌詞當然也要有「色彩」，聽到歌曲就讓人聯想彩色的畫面，因此他特別錄製了一段別出心裁的slogan廣告歌，而這段活潑的歌詞至今仍深印在富士愛好者的腦海中。另外，曾經紅極一時的光頭酷龍也為富士軟片拍攝過廣告，酷帥的形象吸引許多年輕人的注目。

提起過去富士軟片的全盛時光，沈愛根董事長特別欣慰一路有東方廣告的陪伴與幫忙，多年的合作經驗，東方廣告可說已完全掌握富士軟片的企業品牌精神，且所製播的廣告總能不負所望，為富士軟片與相關產品開拓出更大的利潤商機，而對於同樣是本土出身、同樣屬於文化產業的東方廣告，沈董事長認為過去東方廣告所採取的專屬企劃勤奮拜訪客戶的服務，絕對是其最佳傳統與難以取代的優勢。

東方廣告過去的成員可說是一時之選，許多國立大學畢業生紛紛投入一起奮鬥，沈愛根董事長當初是透過恆春友人的推介，認識台灣廣告「先行人」東方廣告董事長溫春雄，除了考量東方是台灣本土領先風騷的廣告公司，主要深受溫董創意領先與提供許多加值服務所吸引，尤其固定的專職人員三天兩頭主動到恆昶公司報到，提供相關的業界資訊與研究數據，不同於其他廣告公司等客戶上門的作法，東方廣告藉由反向運作跨出成功第一步。

沈董事長特別指出，東方廣告總能考量客戶的真正需求，提出適切的廣告建議，不浮誇亂花錢，一樣能達到最大效益，「講求實在，配合度高」，加上對於本土消費者的品味與喜好較能掌握，提出的廣告提案往往能夠深得local的好評，成功打動消費者，獲得熱烈的迴響。相較現今許多外商廣告公司經理人與企劃執行流動頻繁的情況，東方廣告不管是過去或未來，即使廣告與產業生態大幅轉變，專業大型團隊漸漸取代單兵作戰的型態，本土廣告公司受到內需市場萎縮不易生存，但在專注服務態度與對本土的熟悉度上，依然擁有絕對的優勢。

四十多年的合作經驗，恆昶公司也見證了東方廣告的起伏，對於溫春雄董事長辭世後，現任溫林董事長從專職的家庭主婦，一肩挑起丈夫的事業，其過人的膽識與管理領導能力，都讓沈

董事長豎起大拇指表示敬佩。而溫林董事長獨具慧眼投資芳鄰餐廳，沈董事長除經常捧場，也曾與其交流意見且提供軟片給店長拍照的行銷策略整合，芳鄰餐廳現雖已改名，但其來店「歡迎光臨」員工大聲喊迎賓辭，以及走家庭式溫馨餐廳的路線，都是開台灣風氣之先，這些例證顯示溫林董事長不僅擁有領導廣告公司的長才，更具備細膩、始終「以客為尊」的感性一面。

沈愛根董事長對於四十多年的「親密夥伴」──東方廣告，始終存在革命情感且有愈陳愈香之感，對於東方能在詭譎多變的市場中，成為本土廣告公司中的一支獨秀，他直說相當不簡單，並認為以客服為主、實在的做事態度，深得客戶信賴、共創雙贏，正是東方廣告至今能始終不敗的最重要因素，而這也正是東方廣告邁向新的階段應該持續發揚光大的長處，唯有加強自己的優點，抓住客戶的心，相信未來「東方不敗」一定不是夢。（撰稿：葉思吟）

## 第三節　東方的因應

一個企業能存活半世紀必然有其條件，除了經營者個人傑出的特質外，外在的經濟、社會條件，乃至文化或政治因素都有關聯，任何一個環節出現問題，企業營運都可能受到影響。

五〇年代的社會條件和現代當然不一樣，台灣自解嚴之後即面臨急遽的社會變遷，威權解體、民間社會力釋放，投資投機不分，許多小型企業冒出，廣告代理產業老公司同樣面臨新加入者的競爭；多元價值被肯定，廣告表現不能定於一尊，不同廣告創意紛陳、不同論述都受到尊重；更重大的改變來自政府政策，蔣氏政權的「漢賊不兩立」導致「賊來、漢走」，建交國如骨牌崩塌，台灣成了國際孤兒，面對外交被鎖國的情勢，國民黨政府採取經貿開放政策，開放外資來台，開放的外資也包含廣告產業。

外商廣告公司來台，經由兼併鯨吞本土廣告公司，許多本土廣

告公司的創業者，一夕之間由發薪水的老闆成了領薪水的夥計；跨國公司也透過國際業務網絡蠶食了原本由本土廣告公司服務的國際客戶，本土廣告公司的生存空間日益萎縮。

外商廣告產業進來的不只是廣告代理，媒體購買公司也進來了，外商媒體購買公司「以量抑價」──挾其跨國客戶的龐大廣告量進行媒體殺價，此種操作策略，首先受影響的是媒體，媒體利潤日益減少；接著受影響的是本土廣告公司，許多本土客戶也要求納入集中購買體制，以求降價，本土廣告公司流失了廣告代理業最大的收益──媒體服務費與佣金回扣。

媒體收入受到壓抑，廣告經營困難，於是台灣所有電視台通通轉型──電視台不再只是媒體，也是廣告代理公司、媒體購買公司、公關活動公司、廣告影片製作公司，媒體的轉型直接襲奪了原本屬於廣告公司的業務。

而全球化後，資訊透明，企業與消費者溝通不是只有「廣告」一途，品牌化（branding）成了主要思考，品牌化導致企業必須採取多方的方式和消費者溝通──活動促銷、議題管理、商品置入都是可行而且應該採行的途徑，30秒電視廣告不再是客戶的唯一選擇，廣告代理空間日益萎縮。

本土廣告公司面臨如此急遽的改變與經營壓力，上沖下洗左搓右揉，怎麼辦？

每家本土廣告公司經營者當然都會有一套因應改變的作法與思維，東方廣告公司總裁蔡鴻賢採取的是幅射擴展策略（radial extension strategy）。

本土廣告公司不似跨國性的外商財大氣粗足以兼併他人，既不能兼併別人，就應該和別人共存共榮，廣告產業的功能既然細分化，當然不能墨守廣告代理，劃地而限，必須跨足出去涉入任何與廣告有關的領域。

幅射擴展策略，簡單的說就是「固守母體、向外結聯盟」，在這種思維下，蔡鴻賢以50％的力氣固守東方，再以另外50％的力氣，以結盟方式涉入與廣告有關的產業。幅射擴展策略有

五項特色：

**1. 強固母體：**母體一定要強固，母體越強越有結盟、談判的籌碼，他人願意結盟是看母體的條件，當失掉母體，幅射擴展策略也可能跟著解體，因此對母體一定要有足夠的主導權，股權不能旁落，同時也須有堅強的幕僚與研發團隊，對外在情境有足夠的判斷能力。

**2. 持股結盟：**與結盟對象共存共榮，不要求控股，只求持股，平等互惠，如此方能廣結其他專長企業。持股比例不拘，端視本身母體條件與結盟對象意願而定。此外，自己創辦的子公司也應敞開大門，歡迎他人持股結盟，不過母企業（母體）則必須握有足夠主導權，不得因結盟而股權旁落。

**3. 廣布觸角：**結盟對象不拘泥於何種產業，只要與母體專長有關即可，以「廣告代理」為例，與廣告有關的公關、市調、行銷研究、活動行銷、媒體購買、數位媒體均可結盟互利。既云觸角，就是強調加盟產業要與母體專長有關，加盟企業可以成為母體延伸的觸角，此外，雖曰廣布，但最好不要涉足自己不熟悉的產業，以免誤踩地雷。

**4. 佈局海外：**結盟對象最好是海外公司，除了國際化的思考外，主要是避免因國內企業原先的競爭恩怨、股東結構等因素糾葛而形成不必要顧慮；而佈局海外最主要的考量則是海外公司可以經由結盟進入台灣市場，對被結盟對象而言也是重要誘因。

**5. 互斥網絡：**經由多方結盟所形成的幅射網絡彼此之間業務應該是互斥的（exclusive），亦即所結盟的事業彼此之間無競爭關係，以維持網絡單純性，不會因業務競爭導致二家結盟公司的不快，以及無法處理的尷尬。以廣告代理而言，無論結盟的是公關、媒體購買、市調、數位媒體均能只有一家，不能二心。

東方近年表現優異，九〇年代末期，以「有青，才敢大聲」替由公賣局轉型為台灣菸酒公司的台灣啤酒穩住市場。此外，Panasonic 國際牌電器、恒昶公司富士軟片、佳麗寶Kanebo

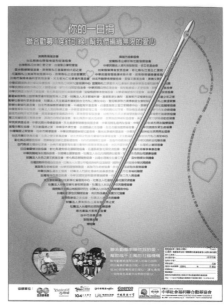

圖6.3.1 東方作品：聯合勸募廣告 I（2006）

圖6.3.2 東方作品：聯合勸募廣告 II（2007）

圖6.3.3 東方作品：玉山高粱廣告I（2008）

圖6.3.4 東方作品：玉山高粱廣告II（2008）

圖6.3.5 東方作品：佳麗寶化妝品廣告（2007）

化粧品、台灣菸酒公司玉山高粱酒……也都有傑出的表現，這些都是「強固母體」的作法，母體強固方有結盟的條件。至2008年止，蔡鴻賢著手結盟的幅射網絡有──

東方線上股份有限公司即著名的E-ICP，E-ICP是東方廣告對業界的重大貢獻，1988年東方承接太一廣告在1986年創辦的D-ICP，而更發揚光大，1999年更名為E-ICP，並建立東方消費者行銷資料庫網站。E-ICP為公開發售的資料，簽約授權

## 東方廣告公司幅射擴展策略

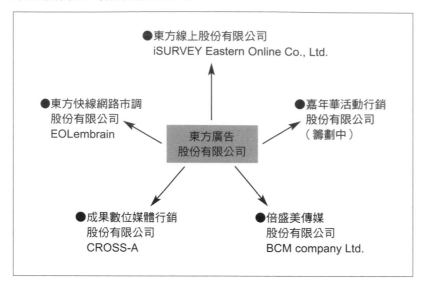

的客戶均可運用，是目前廣告行銷業者、學界分析台灣市場與消費者行為最重要基礎資料，多年來E-ICP更累積了台灣社會變遷史料，記錄台灣人觀念、消費型態的發展軌跡，為社會學者、歷史學者重視。

該公司董事長為著名社會趨勢觀察家詹宏志、執行長蔡鴻賢，擁有消費者行為、市場調查與研究、行銷、公關傳播之優秀研究團隊及顧問。以台灣消費者母體為「E-ICP東方消費者行銷資料庫」、以中國消費者母體為「CMMS中國市場與媒體研究」，在消費者行銷資料庫的研究資源下，提供涵蓋online及offline質量化調查之整合行銷研究服務，並透過所屬iSURVEY網站分析海峽兩岸市場現況。

東方線上以消費者導向為基礎，提供之服務包含協助企業發展新商品概念、設定目標群、消費者族群分析、消費者生活型態及趨勢研究、品牌研究、消費者商品使用實態及媒體接觸行為，消費者質化量化調查及分析，整體而言即是建立企業消費者研究機制及行銷研究平台，是企業的行銷研究夥伴。

東方快線網路市調股份有限公司是與韓國首屈一指的市場調查機構Embrain合資組成的，為華文市場的線上調查注入新的力量。

韓國Embrain在網路市調有多年的研究，會員資料管理完整，網友申請會員所填寫的資料，必須經過Email確認、手機簡訊確認、身份資料確認重重關卡，且定期會收到更新資料的要求，成功申請會員之後，若之後發現填問卷回應不實時，會員資格將會被取消。

線上調查的速度遠高於實體調查，方便性與快速性為其優點，然而由於缺乏母體（population）概念，無法執行抽樣（sampling），其信度與效度常受學界質疑，若能有所突破，對學術研究與實務運用將有顯著貢獻。

成果數位媒體行銷股份有限公司是經營線上行銷，透過CROSS-A網路平台，連結廣告主與媒體，讓廣告訊息在適當的媒體露出，同時僅在達成會員募集註冊、商品銷售或其他行銷成果發生時，才需支付費用，所以號稱為「成果報酬廣告」。

不論是入口網站／專業網站／個人部落格，都可以在CROSS-A中找到收益合作模式。透過CROSS-A平台，依網站的風格及屬性，自由選取適合的商品或服務廣告，一旦達到成果，就可收取一定比例的報酬。在「成果報酬」的定義下，CROSS-A提供媒體與廣告主一個雙贏平台，不僅協助媒體提高廣告收益，同時協助廣告主運用最少資源，達到最大的廣告效益。

輻射擴展策略讓東方在二十一世紀成了「邁向國際的本土公司」，也是「立足台灣的國際公司」，東方有國際化的色彩，但仍保有本土的股權與對台灣的深厚感情，既深耕台灣也跨足海外，除廣告產業外，亦值得其他產業倣效。

資料整理、提供／東方廣告公司

東方廣告股份有限公司
成立日期：1959年1月6日（民國48年）
公司地址：台北市信義路四段306號7樓
公司電話：（02）2707-2141
公司傳真：（02）2705-0709
網站：http://www.easternad.com.tw

# 一、緣起

溫春雄先生的「東方廣告社」是我國最早成立，並取得主管機關核發廣告營業執照的綜合廣告代理商。

四○年代的台灣工商社會是戰後百廢待舉，各種物資缺乏，在安定中堅苦奮鬥的成長時期。到民國49年國民平均所得只有139美元，全國報紙的發行量從20萬份開始成長，全是黑白的，報紙之外的主要媒體是電台和電影院幻燈片廣告。

東方廣告創辦人溫春雄早年在日本求學、就業，精通英、日語，熟識日美工商社會發展的軌跡，了解市場資訊及商業情報蒐集的重要性。就在台灣經濟發展起飛的前夕，民國47年著手編撰台灣第一本marketing的書《商品銷售法》，為台灣引進最新的行銷理論與廣告實務。為了實踐此書中的理想，於是他開始籌劃創立東方廣告社，並在民國47年後半年開始對外營業。創立初期資本額只有15萬，第一年營業額50萬，主要業務是和報社的業務員合作，提供廣告設計及製作，協助其向廣告主拉廣告。這在當時是較新的概念與做法，也是廣告綜合服務的前身，東方廣告早期的客戶有鈴木機車、奇美壓克力、新光紡織、坤慶紡織、中和紡織、流行牌服飾、萬泰貿易小兒麻痺藥、金鳥蚊香、金山奶粉、明治奶粉、台灣赤糖公會等。

當時一般人對廣告的概念仍停留在做看板、畫招牌刷油漆的印象中，那時還沒有電視，東方廣告早期的營業項目偏重在印刷

媒體，包括產品內外包裝、標貼、傳單、報紙、書刊雜誌的廣告設計與執行。做為廣告業的開拓者，東方廣告領先做了許多創新，民國50年東方廣告首先加入亞洲廣告協會成為會員，同年為司令牙膏做市場調查，是台灣第一件有費的市場調查。民國51年台灣電視公司開播。民國52年11月起東方廣告每月出版《新聞電視廣告量廣告費統計表》供客戶及媒體參考。民國54年5月《台灣新生報》舉辦首屆最佳報紙廣告設計獎，東方廣告囊括主要獎項。第二、三屆亞洲廣告會議分別在東京及馬尼拉舉行，溫春雄先生皆出席參加與亞洲地區的同業互動。民國55年第五屆亞洲廣告會議首次在台灣舉行，會徽及會場佈置皆由東方廣告設計與執行，並於民國56年首先加入成為IAA的會員。

身為開風氣之先的東方廣告，也吸引到當時台大、師大的優秀人才，從台大的胡榮灃、黃宗鎧、林崑雄、莊仲仁、林登智、陳定南，師大的張敬雄、林一峰、簡錫圭、何宣廣、張國雄、侯平治、賴宏基、趙國忠，還有黃奇鏘、吳鼎臣，這些同仁在當時也有機會到政府機構、銀行或少數外商公司，但他們選擇到東方廣告來歷練，可想見當時溫春雄先生的魅力，也難怪日後他們都成為各行各業的要角。

從東方廣告辦公室的遷徙過程，也可以看出台北都會與商圈的發展。東方廣告最早是設在當時主要的金融貿易與批發集散地的迪化街附近，亦即南京西路迪化街口的甘谷街一棟二樓的後棟，面積只有五坪大，五個人分掌業務、設計與行政等職務，之後隨著業務的擴張、媒體與客戶的遠近，搬遷到重慶南路、博愛路、延平南路、懷寧街。當時主要客戶台灣松下、歌林、功學社、金生儀等都在舊城區內，到民國75年轉到東區信義路四段的自購辦公大樓，以因應主要媒體與客戶大多數搬到新興發展的東區。

五十年來，東方廣告始終秉持著播種者的精神，在台灣這塊土地上長期耕耘，與客戶一起成長，同時也培植了許多廣告業界的菁英份子，無怨無悔地累積台灣的經濟與市場資訊，一步一腳印地走過來。

## 二、東方廣告公司發展歷程

**1958年（民國47年）**
◎本公司創辦人溫春雄先生編撰《商品銷售法》（*Marketing*），由三省書局出版。

**1959年（民國48年）**
◎1月6日成立「東方廣告社」於台北市甘谷街九號，溫春雄先生任董事長兼第一任總經理，登記資本額為新台幣15萬元。

**1960年（民國49年）**
◎12月遷址台北市重慶南路一段七十九號二樓。

**1961年（民國50年）**
◎加入亞洲廣告協會（AFAA）為會員。

**1962年（民國51年）**
◎參加在馬尼拉舉行的第三屆亞洲廣告會議。
◎為司令牌拖作台灣第一件收費的市場調查

**1963年（民國52年）**
◎8月改組為「東方廣告股份有限公司」。
◎公司資本額增加為新台幣150萬元。
◎遷址台北市博愛路三十五號三樓。
◎發行《新聞電視廣告量廣告費統計表》月刊。

**1964年（民國53年）**
◎與日本STANDARD廣告公司進行業務合作。

**1965年（民國54年）**
◎作品獲《台灣新生報》舉辦之第一屆最佳報紙廣告設計比賽最高獎（哥倫比亞手提電視機）。

**1966年（民國55年）**
◎第五屆亞洲廣告會議在台北舉行，會徽及會場佈置由本公司設計與執行。

**1967年（民國56年）**
◎正式成為國際廣告協會（IAA）會員。

**1968年（民國57年）**
◎台灣電視公司舉辦之第一屆電視廣告影片金塔獎，獎徽由本公司設計。

**1969年（民國58年）**
◎5月遷址台北市延平南路九號。
◎參加日本東京第二十一屆世界廣告會議。

**1970年（民國59年）**
◎黃宗鎧先生擔任第二任總經理。

**1971年（民國60年）**
◎於台南市友愛街二十六號增設南部辦事處，並發行《東方雙月刊》。

**1973年（民國62年）**
◎公司資本額增加為新台幣250萬元。
◎發行《營銷與廣告》週刊。

**1975年（民國64年）**
◎本公司與光啟社企劃錄製之「藍天白雲」電視節目，榮獲行政院頒發金
　鐘獎特別獎。

**1976年（民國65年）**
◎台北市廣告代理商業同業公會成立。
◎遷址台北市懷寧街一一〇號六樓。

**1977年（民國66年）**
◎溫春雄先生擔任中華學術院廣告研究所副所長。

**1978年（民國67年）**
◎公司資本額增加為新台幣500萬元。
◎作品榮獲《經濟日報》第一屆報紙廣告設計金橋獎。
◎作品榮獲第一屆時報廣告金像獎優等獎（國際牌電化製品）。

**1979年（民國68年）**
◎作品榮獲《經濟日報》舉辦之最佳廣告設計金橋獎多項優良獎座。

**1980年（民國69年）**
◎作品榮獲第三屆時報廣告金像獎報紙與雜誌類銀牌獎（國際牌電化製
　品）。

**1981年（民國70年）**
◎作品榮獲第四屆時報廣告金像獎最佳報紙類金牌獎（國際牌海龍洗衣
　機）。
◎榮獲行政院新聞局頒發「創立廣告事業」勳獎。
◎投資喜客來股份有限公司新台幣1,000萬元，開創芳鄰餐廳連鎖店。
◎加入勞工保險。

**1982年（民國71年）**
◎作品榮獲第五屆時報廣告金像獎最佳報紙類金牌獎（農林廳水果促銷系
　列），報紙類電器項金牌獎（國際牌冷氣機）。

**1983年（民國72年）**
◎公司資本額增加為新台幣1,000萬元。

**1984年（民國73年）**
◎作品榮獲第七屆時報廣告金像獎最佳雜誌類金牌獎（國際牌花束冰
　箱）。
◎參加第十四屆亞洲廣告會議於韓國。
◎參加第二十九屆世界廣告會議於日本。

**1985年（民國74年）**
◎與日本東急國際廣告公司簽訂業務合作。

**1986年（民國75年）**
◎公司資本額增加為新台幣2,000萬元。
◎購置並遷入台北市信義路四段三〇六號七樓（250坪）。
◎作品榮獲第九屆時報廣告金像獎報紙類電器項金牌獎（國際牌冷氣機）
　暨雜誌類綜合產品項銅牌獎（四維膠帶）。

**1987年（民國76年）**
◎公司資本額增加為新台幣3,000萬元。
◎作品榮獲第十屆時報廣告金像獎最佳雜誌類金牌獎（富士軟片）。

**1988年（民國77年）**
◎針對國內需求，發展出台灣地區第一個消費趨勢與消費者生活型態調查
　（ICP）。
◎作品榮獲第十一屆時報廣告金像獎金牌獎（雷諾汽車）。
◎作品榮獲第十一屆時報廣告金像獎金牌獎（林迺翁文教基金會）。

1989年（民國78年）
◎10月與日本東急廣告國際公司合組「東急東方國際公司」。
◎作品榮獲第十二屆時報廣告金像獎金牌獎（國際牌空氣清淨機）。

**1990年（民國79年）**
◎公司資本額增加為新台幣5,000萬元。
◎增購同址八樓辦公室100坪。
◎作品榮獲第十三屆時報廣告金像獎金牌獎（順益企業）。

**1991年（民國80年）**
◎公司與日本I&S、韓國東方企劃合組亞洲太平洋區域聯盟（APCA）。

**1992年（民國81年）**
◎與日本I&S公司進行業務及技術合作。
◎黃宗鎧先生專職副董事長。
◎蔡鴻賢先生擔任第三任總經理。

**1993年（民國82年）**
◎規劃在中國廣州舉辦的光陽機車KYMCO新車發表大會暨全國經銷商
　大會。
◎以ICP資料庫完成行銷資料年鑑。

**1994年（民國83年）**
◎溫春雄先生以創辦人名義榮退。
◎溫林翠晶女士擔任第二任董事長。
◎規劃光陽機車KYMCO中國珠峰成都展示中心會場設施及開幕典禮。
◎協辦中國北京1994年國際廣告研討會。

**1995年（民國84年）**
◎3月29日溫創辦人辭世，享年七十四歲。

◎作品榮獲第十八屆時報廣告金像獎金牌獎（虎標萬金油）。
◎作品榮獲第五屆4A創意獎公益類立體作品銅級獎（中華民國兒童燙傷基金會／燙傷兒童人際重建宣導／拜訪篇）。

### 1996年（民國85年）
◎中國上海設立辦事處、員工宿舍於上海市中山南二路一八五號三樓。

### 1997年（民國86年）
◎公司開始進行全面電腦化。
◎作品榮獲日本松下第二十四屆海外賞（報紙）銀牌獎（國際牌電冰箱）。
◎作品榮獲日本松下第二十四屆海外賞（雜誌）銀牌獎（國際牌洗衣機）。

### 1998年（民國87年）
◎與北京中國廣告聯合總公司簽訂業務合作。
◎蔡鴻賢先生升任總裁。
◎侯榮惠先生擔任第四任總經理。
◎作品榮獲第二十一屆時報廣告金像獎銀牌獎（國際牌冷氣機）。

### 1999年（民國88年）
◎公司資本額增加為新台幣6,000萬元。
◎上海辦公室、員工宿舍4月1日遷址上海市柳州路五二三號十二樓。
◎獲頒財政部評定之全國100家績優營業之中小企業公司。
◎更改ICP作業系統為Windows版，並正式更名為E-ICP。
◎公司全面進入電腦網路系統化管理。
◎與Seednet合作，建立E-ICP東方消費者行銷資料庫網站。

### 2000年（民國89年）
◎3月iSURVEY創立東方線上股份有限公司，提供大中華地區消費者研究、消費市場資訊分析網站。

### 2001年（民國90年）
◎E-ICP資料庫授權委由東方線上執行銷售。
◎作品榮獲第三屆保險信望愛「年度最佳企業形象獎」全國保險類唯一獲獎影片（宏泰人壽高空篇）。
◎4月上海辦公室遷址上海市閔行區老滬閔路一六六號一樓。
◎National剋菌清冷氣榮獲第三十九屆電視廣告商品類金鐘獎。

### 2002年（民國91年）
◎3月National新合歡冷氣榮獲2002年《讀者文摘》亞洲地區品質、形象票選調查金牌獎。

### 2004年（民國93年）
◎4月Panasonic榮獲《讀者文摘》頒發非常品牌獎。
◎9月與日本JR東日本企劃業務合作於東京車站丸之內及山手線舉辦2004年台灣觀光局日本地區「台灣劇場」國際宣傳系列活動。

### 2005年（民國94年）
◎9月延續2004年活動熱潮，以JR大阪環狀線舉辦台灣觀光局日本地區國

台灣觀光局日本地區宣傳活動開幕式台北駐日經濟文化代表處許世楷代表致詞（2004）

溫林董事長率團參加台灣觀光局於東京車站丸之內及山手線舉辦日本地區「台灣劇場」國際宣傳系列活動（2004）

際宣傳系列活動。日本來台旅客人數達到112萬多人次，突破歷年新高。

**2006年（民國95年）**

◎郭榮達先生擔任第五任總經理。

◎侯榮惠先生專職董事。

**2007年（民國96年）**

◎1月股東臨時會決議通過，任命蔡鴻賢先生為副董事長。

　發展「成果數位媒體行銷股份有限公司」新事業，由侯榮惠擔任董事長。

**2008年（民國97年）**

◎侯榮惠擔任第六任總經理。

◎郭榮達專職董事。

◎公司創立五十週年。

◎國立政治大學廣告學系鄭自隆教授編撰、遠流出版《廣告代理五十年：
　東方廣告公司與台灣廣告產業》專書。

◎關心農民，善盡社會責任，參與「我的一畝田」企業認養活動，將收割
　的3千斤稻米包裝成東方50周年感恩禮，分送給參與投資的股東、共同
　成長的客戶、每個階段並肩作戰的工作夥伴，以及社會各界好友等。

# 三、主要得獎作品

| 年次 | 競賽名稱 | 名次 | 客戶 | 商品名 |
|---|---|---|---|---|
| 1965 | 新生報設計獎 | 最佳設計 | 歌林公司 | 歌倫比亞電視 |
| 1965 | 新生報設計獎 | 最佳設計 | 表維酵素 | 消化整腸劑 |
| 1965 | 新生報設計獎 | 最佳設計 | 三洋電機 | 電化商品促銷 |
| 1965 | 新生報設計獎 | 最佳設計 | 紅糖公會 | 紅糖 |
| 1978 | 第一屆時報廣告獎 | 優等獎 | 台灣松下 | 國際牌電冰箱 |
| 1979 | 經濟日報金橋獎 | 銀牌獎 | 歌林公司 | 彩色電視機 |
| 1979 | 經濟日報金橋獎 | 銀牌獎 | 台灣松下 | 國際牌冷氣機 |
| 1980 | 第三屆時報廣告獎（NP） | 金牌獎 | 愛力食品 | 愛富力麥粉 |
| 1980 | 第三屆時報廣告獎（NP） | 銀牌獎 | 台灣松下 | 國際牌全商品 |
| 1980 | 第三屆時報廣告獎（MG） | 金牌獎 | 台灣松下 | 國際牌冷氣機 |
| 1980 | 第三屆時報廣告獎（MG） | 銅牌獎 | 台灣松下 | 國際牌電冰箱 |
| 1981 | 第四屆時報廣告獎（NP） | 金牌獎 | 台灣松下 | 國際牌洗衣機 |
| 1981 | 第四屆時報廣告獎（NP）電器製品項 | 金牌獎 | 台灣松下 | 國際牌洗衣機 |
| 1981 | 第四屆時報廣告獎（NP） | 銀牌獎 | 台灣松下 | 國際牌洗衣機 |
| 1981 | 第四屆時報廣告獎（NP） | 銅牌獎 | 台灣松下 | 國際牌洗衣機 |

| 1982 | 第五屆時報廣告獎最佳報紙廣告 | 金像獎 | 農林廳 | 水果促銷 |
|------|------|------|------|------|
| 1982 | 第五屆時報廣告獎（NP）電器製品項 | 金像獎 | 台灣松下 | 國際牌冷暖氣機 |
| 1984 | 第七屆時報廣告獎最佳雜誌廣告 | 金像獎 | 台灣松下 | 國際牌電冰箱 |
| 1984 | 第七屆時報廣告獎（MG）電器製品項 | 金像獎 | 台灣松下 | 國際牌電冰箱 |
| 1985 | 第八屆時報廣告獎（MG） | 銀像獎 | 省黨部 | 公關稿 |
| 1986 | 第九屆時報廣告獎（NP） | 金牌獎 | 台灣松下 | 國際牌電冰箱 |
| 1986 | 第九屆時報廣告獎（NP） | 銅牌獎 | 台灣松下 | 國際牌電冰箱 |
| 1986 | 第九屆時報廣告獎（MG） | 銅牌獎 | 四維公司 | 膠帶 |
| 1987 | 第十屆時報廣告獎（NP） | 銅像獎 | 台灣松下 | 國際牌電冰箱 |
| 1987 | 第十屆時報廣告獎（MG）綜合商品項 | 金像獎 | 恒昶實業 | 富士軟片 |
| 1987 | 第十屆時報廣告獎最佳雜誌廣告 | 金像獎 | 恒昶實業 | 富士軟片 |
| 1988 | 第十一屆時報廣告獎（NP） | 銀牌獎 | 三富汽車 | 雷諾汽車 |
| 1988 | 第十一屆時報廣告獎（MG） | 金牌獎 | 林迺翁基金會 | 社會公益 |
| 1988 | 第十一屆時報廣告獎（MG） | 銀牌獎 | 台灣松下 | 國際牌電冰箱 |
| 1988 | 第十一屆時報廣告獎（CF） | 金牌獎 | 三富汽車 | 雷諾汽車 |
| 1989 | 第十二屆時報廣告獎（NP） | 銅牌獎 | 台灣松下 | 國際牌電冰箱 |
| 1989 | 第十二屆時報廣告獎（CF） | 金牌獎 | 台灣松下 | 國際牌空氣清淨機 |
| 1990 | 第十三屆時報廣告獎（MG） | 金牌獎 | 順益貿易 | 企業形象篇 |
| 1990 | 第十二屆時報廣告獎（MG） | 銀牌獎 | 台灣松下 | 國際牌電冰箱 |
| 1991 | 第十四屆時報廣告獎（NP） | 銀牌獎 | 台灣松下 | 國際牌冷氣機 |
| 1992 | 第十五屆時報廣告獎（CF） | 銀牌獎 | 台灣松下 | 國際牌冷氣機 |
| 1993 | 第三屆4A創意獎（CF） | 銅級獎 | 台灣松下 | 國際牌冷氣機 |
| 1993 | 第三屆4A創意獎（CF） | 銅級獎 | 益華公司 | 生活運動飲料 |
| 1995 | 第五屆4A創意獎（CF） | 銅級獎 | 兒燙基金 | 燙傷兒童人際重建 |
| 1995 | 第十八屆時報廣告獎（NP） | 金牌獎 | 新美公司 | 虎標萬金油 |
| 1995 | 第十八屆時報廣告獎（MG） | 銅牌獎 | 勵馨基金 | 拯救雛妓系列 |
| 1997 | 日本松下第二十四屆海外賞（NP） | 銀牌獎 | 台灣松下 | 國際牌電冰箱 |
| 1997 | 日本松下第二十四屆海外賞（MG） | 銀牌獎 | 台灣松下 | 國際牌洗衣機 |
| 1998 | 第二十一屆時報廣告獎（CF） | 銀牌獎 | 台灣松下 | 國際牌冷氣機 |
| 2001 | 第三屆保險信望愛全國保險類 | 最佳企業形象獎 | 宏泰人壽 | 高空篇 |
| 2001 | 第三十九屆電視金鐘獎 | 最佳廣告影片獎 | 台灣松下 | 國際牌剋菌清冷氣 |

資料整理、提供╱東方廣告公司

◎ **1922・大正11年（1歲）**
4月6日生於台灣省屏東縣恆春鎮。

**1929・昭和4年（8歲）**
進恆春公學校一年級。

**1935・昭和10年（14歲）**
◎ 3月畢業於恆春公學校，旋赴日本廣島縣世羅中學就讀。

**1936・昭和11年（15歲）**
◎世羅中學二年級，勤練柔道與英文。

**1937・昭和12年（16歲）**
◎世羅中學三年級，柔道三段，榮獲英文演講比賽季軍。

1940・昭和15年（19歲）
◎神奈川大學一年級（前橫濱專門學校）。

**1943・昭和18年（22歲）**
◎ 9月畢業於神奈川大學。
◎ 10月進伊藤忠的吳羽紡織株式會社。

**1944・昭和19年（23歲）**
◎先後轉調伊藤忠的大建產業及三菱重工業服務。

**1945・昭和20年・民國34年（24歲）**
◎二次大戰結束，日本投降；轉任佔領日本美軍第八軍第三十三師團翻譯
　官。

**1946・民國35年（25歲）**
◎利用其職位方便協助落難台灣同胞回台。
◎進台灣紡織烏日廠任職。

**1947・民國36年（26歲）**
◎旋與友人共創「老春成商行」於迪化街，經營布匹買賣。

**1948・民國37年（27歲）**
◎日本伊藤忠株式會社台灣聯絡人。

**1949・民國38年（28歲）**
◎與上海友人成立「華昇企業」，任國外部經理，負責進出口貿易業務。

**1950・民國39年（29歲）**
◎與林翠晶小姐結婚。

**1951・民國40年（30歲）**
◎長子溫肇東出生。

**1952・民國41年（31歲）**

◎台北市進出口商業同業公會第四屆理事。

**1953・民國42年（32歲）**

◎長女溫芳良出生。

◎加入中華民國工商協進會會員。

**1954・民國43年（33歲）**

◎台灣貿易週報，貿易風主筆。

**1955・民國44年（34歲）**

◎次女溫惠良出生。

**1956・民國45年（35歲）**

◎與友人馬學坤共同投入毛皂王（第一代肥皂粉）的生產及銷售。

**1957・民國46年（36歲）**

◎助伊藤忠株式會社成立竹腰生產株式會社，並擔任台北支店長。

**1958・民國47年（37歲）**

◎編撰《商品銷售法》（*Marketing*），由三省書局出版。

**1959・民國48年（38歲）**

◎1月6日成立「東方廣告社」於台北市甘谷街九號，任董事長兼總經理。

◎公司登記資本為新台幣15萬元。

◎參女溫玲良出生。

**1960・民國49年（39歲）**

◎12月遷址台北市重慶南路一段七十九號二樓。

**1961・民國50年（40歲）**

◎加入亞洲廣告協會（AFAA）為會員。

**1962・民國51年（41歲）**

◎參加在馬尼拉舉行的第三屆亞洲廣告會議。

◎為司令牙膏作台灣第一件收費的市場調查。

**1963・民國52年（42歲）**

◎8月改組為「東方廣告股份有限公司」。

◎公司資本額增加為新台幣150萬元。

◎遷址台北市博愛路三十五號三樓。

◎發行《新聞電視廣告量廣告費統計表》月刊。

**1964・民國53年（43歲）**

◎任新光海洋企業股份有限公司總經理。

◎與日本STANDARD廣告公司進行業務合作。

**1965・民國54年（44歲）**

◎作品榮獲《台灣新生報》舉辦之第一屆最佳報紙廣告設計比賽最高獎

（哥倫比亞手提電視機）。

**1966・民國55年（45歲）**

◎第五屆亞洲廣告會議在台北舉行，會徽及會場的佈置由本公司設計與執行。

**1967・民國56年（46歲）**

◎正式成為國際廣告協會（IAA）會員。

**1968・民國57年（47歲）**

◎台灣電視公司舉辦之第一屆電視廣告影片金塔獎，獎徽由本公司設計。

**1969・民國58年（48歲）**

◎5月遷址至台北市延平南路九號。

◎參加日本東京第二十一屆世界廣告會議。

**1970・民國59年（49歲）**

◎康樂實業公司成立，開創百事可樂建立巡迴直銷通路。

**1971・民國60年（50歲）**

◎百事可樂銷售超過可口可樂

◎台灣電視公司第四屆電視廣告金塔獎影片比賽優秀獎

◎東方廣告增設南部辦事處於台南市友愛街二十六號，並發行《東方雙月刊》。

**1973・民國62年（52歲）**

◎公司資本額增加為新台幣250萬元。

◎赴美參加百事可樂總公司在加州棕櫚泉的經營會議。

◎發行《營銷與廣告》週刊。

**1975・民國64年（54歲）**

◎與光啟社企劃錄製之「藍天白雲」電視節目，榮獲行政院頒發金鐘獎特別獎。

**1976・民國65年（55歲）**

◎赴曼谷參加百事可樂國際會議。

◎遷址台北市懷寧街一一〇號六樓。

**1977・民國66年（56歲）**

◎擔任中華學術院廣告研究所副所長。

◎獲邀市場與行銷主辦之「如何建立銷售網」專題演講。

**1978・民國67年（57歲）**

◎公司資本額增加為新台幣500萬元。

◎作品榮獲第一屆時報廣告設計獎優等獎（國際牌電化製品）。

◎作品榮獲《經濟日報》第一屆報紙廣告金橋獎。

**1979・民國68年（58歲）**

◎作品榮獲《經濟日報》舉辦最佳廣告設計「金橋獎」多項優良獎座。

**1980・民國69年（59歲）**

◎作品榮獲第三屆時報廣告金像獎報紙與雜誌類銀牌獎（國際牌電化製品）。

**1981・民國70年（60歲）**

◎作品榮獲第四屆時報廣告金像獎最佳報紙金像獎（國際牌海龍洗衣機）。

◎榮獲行政院新聞局頒發「創立廣告事業」勳獎。

◎投資喜客來股份有限公司新台幣1,000萬元，開創芳鄰餐廳連鎖店。

◎加入勞工保險。

**1982・民國71年（61歲）**

◎作品榮獲第五屆時報廣告金像獎最佳報紙金像獎（農林廳水果促銷系列），作品榮獲報紙電器類金像獎（國際牌冷氣機）。

**1983・民國72年（62歲）**

◎公司資本額增加為新台幣1,000萬元。

**1984・民國73年（63歲）**

◎作品榮獲第七屆時報廣告金像獎最佳雜誌類金牌獎（國際牌花束冰箱）。

◎參加第十四屆亞洲廣告會議於韓國。

◎參加第二十九屆世界廣告會議IAA於日本。

**1985・民國74年（64歲）**

◎與日本東急國際廣告公司簽訂業務合作。

**1986・民國75年（65歲）**

◎公司資本額增加為新台幣2,000萬元。

◎4月購置並遷入台北市信義路四段三〇六號七樓現址（250坪）。

◎作品榮獲第九屆時報廣告金像獎報紙類電器項金牌獎（國際牌冷氣機）。

**1987・民國76年（66歲）**

◎公司資本額增加為新台幣3,000萬元。

◎作品榮獲第十屆時報廣告金像獎最佳雜誌獎（富士軟片）。

**1988・民國77年（67歲）**

◎針對國內需求，發展出台灣地區第一個消費趨勢與消費者生活型態調查（ICP）。

◎作品榮獲第十一屆時報廣告金像獎金牌獎（雷諾汽車）。

◎作品榮獲第十一屆時報廣告金像獎金牌獎（林迺翁文教基金會）。

**1989・民國78年（68歲）**

◎10月與日本東急廣告國際公司合組「東急東方國際公司」。

◎作品榮獲第十二屆時報廣告金像獎金牌獎（國際牌空氣清淨機）。

**1990・民國79年（69歲）**

◎公司資本額增加為新台幣5,000萬元。

◎增購八樓辦公室100坪。
◎作品榮獲第十三屆時報廣告金像獎金牌獎（順益企業）。

**1991・民國80年（70歲）**
◎從喜客來公司以榮譽董事長退休，並出版《我與芳鄰》。
◎與日本I&S、韓國東方企劃合組亞洲太平洋區域聯盟（APCA）。

**1992・民國81年（71歲）**
◎與日本I&S公司業務及技術合作。

**1993・民國82年（72歲）**
◎規劃在廣州舉辦的光陽機車KYMCO新車發表大會暨全國經銷商大
　會。
◎以ICP資料庫完成行銷資料年鑑。

**1994・民國83年（73歲）**
◎以創辦人名義從東方廣告榮退。
◎溫林翠晶女士擔任第二任董事長。
◎規劃光陽機車KYMCO中國珠峰成都展示中心會場施設及開幕典禮。
◎協辦中國北京1994年國際廣告研討會。

**1995・民國84年（74歲）**
◎3月29日辭世，享年七十四歲。
◎作品榮獲第十八屆時報廣告金像獎金牌獎（虎標萬金油）。

# 感恩

一個公司能持續經營五十年並不容易。

感謝所有的客戶對東方的託付;感謝所有的員工、幹部,東方雖然是溫春雄創的,但大部分的歲月是你們的努力,你們在經營;感謝媒體、感謝所有的合作伙伴、印刷廠、製作公司,大家一起見證台灣這五十年經濟、社會的成長。

也感謝政大廣告系鄭自隆教授的策劃和執行採訪的同學,讓這五十年的人物與作品生動活潑起來。鄭教授的架構也讓東方五十年鑲嵌在台灣廣告的歷史脈絡裡,顯得更有意義,超越一個個別企業的生命史。

早期公司的同事我幾乎都認識,有些算是我的長輩、有些中生代和我算是同輩,也共事過一小段時間。大家對家父溫春雄的印象與情感我都耳熟能詳,家父已往生十四年多,他一生的行誼對我有很大的影響,而這些同事與他的緣份與情誼也和我的學習成長息息相關,感謝你們,有你們真好,希望東方也能在目前的領導人及新血輪再創第二個五十年。

溫肇東
政大科技管理教授‧創新創造力中心主任

國家圖書館出版品預行編目資料

廣告代理五十年：東方廣告公司與
　台灣廣告產業1958-2008 / 鄭自
　隆編著. -- 初版. -- 臺北市：遠
　流，2009.12
　　面；　公分.
　ISBN 978-957-32-6434-7
　（精裝）
　1. 東方廣告公司　2. 廣告業
3. 代理商　4. 歷史　5. 臺灣

497.82　　　　　　　　97025660

# 廣告代理五十年
### 東方廣告公司與台灣廣告產業 1958-2008

編　　著——鄭自隆
總 策 劃——溫林翠晶
執行主編——曾淑正
美術設計——雅堂設計工作室
製版印刷——中原造像股份有限公司

發 行 人——王榮文
出　　版——遠流出版事業股份有限公司
地　　址——台北市南昌路二段81號6樓
電　　話——（02）23926899
傳　　真——（02）23926658
劃撥帳號——0189456-1

著作權顧問—蕭雄淋律師
法律顧問——董安丹律師

2009年12月1日 初版一刷
行政院新聞局局版台業字第1295號
售　　價——新台幣1200元
有著作權‧侵害必究 Printed in Taiwan
ISBN 978-957-32-6434-7

YL--- 遠流博識網
http://www.ylib.com
E-mail: ylib@ylib.com